手把手教你从拖延症到高效能

易俊松 ◎ 著

图书在版编目(CIP)数据

手把手教你从拖延症到高效能 / 易俊松著. —北京：中华工商联合出版社，2022.6

ISBN 978-7-5158-3403-0

Ⅰ.①手… Ⅱ.①易… Ⅲ.①成功心理—通俗读物 Ⅳ.①B848.4-49

中国版本图书馆CIP数据核字（2022）第062609号

手把手教你从拖延症到高效能

作　　者：	易俊松
出 品 人：	李　梁
责任编辑：	于建廷　效慧辉
装帧设计：	回归线视觉传达
责任审读：	傅德华
责任印制：	迈致红
出版发行：	中华工商联合出版社有限责任公司
印　　刷：	香河县宏润印刷有限公司
版　　次：	2022年8月第1版
印　　次：	2022年8月第1次印刷
开　　本：	710mm×1000mm　1/16
字　　数：	200千字
印　　张：	13.5
书　　号：	ISBN 978-7-5158-3403-0
定　　价：	58.00元

服务热线：010—58301130—0（前台）
销售热线：010—58302977（网店部）
　　　　　010—58302166（门店部）
　　　　　010—58302837（馆配部、新媒体部）
　　　　　010—58302813（团购部）
地址邮编：北京市西城区西环广场A座19—20层，100044
http://www.chgslcbs.cn
投稿热线：010—58302907（总编室）
投稿邮箱：1621239583@qq.com

工商联版图书
版权所有　侵权必究

凡本社图书出现印装质量问题，请与印务部联系。

联系电话：010—58302915

推荐序

你是否经常发生这样的状况：

总是列举出很多计划，却从未开始实施？

任务还未开始，就已经产生疲劳感？

想要高效生活，可总感觉事情做不完？

难以定位努力的方向，看不到未来的愿景？

……

这些状况虽然各不相同，但它们却有一个共同点：结果都很糟糕，而你的心情也很差。

如果这些情形只是偶尔发生，那还不要紧，如果经常发生，甚至成了难以改变的习惯，那就得注意了，因为这些情形，就是拖延症。

拖延，是人们的一种普遍心理和行为现象。每个人都会有这样那样的拖延习惯，严重的就成了"拖延症"。然而，不管是否严重，拖延对于生活和工作都会造成负面影响。

拖延是生命的窃贼，它会在不知不觉中盗走你的热情，偷走你的机会，碾碎你的梦想，扼杀你的爱情，让你原本可以十分绚烂的人生变得危机四伏，因此，改掉拖延的坏习惯刻不容缓，也是你赢得美好生活的前提。

作者基于多年的心理学理论研究基础，对拖延进行了一次详尽、仔细的探索。从拖延症的行为模式到拖延的危害，再到拖延产生的深层次原因，在本书中，作者都将一一为读者展示和揭晓。

本书包括三大部分。

第一部分，作者首先带你认识了什么是拖延症，其次从人的心理层面深度探究了拖延症形成的原因和心理表现。作者用细腻和充满关怀的文笔为人们揭开拖延症的真面目，警醒人们千万不要忽略了它给人们心理带来的负面影响。

第二部分，揭示了拖延症的危害。虽然拖延症不是什么病，但是危害却非常大：身体的小毛病拖成大问题；天天说理财却经常拖到钱花光还没开始；经常告诉自己再过一两年就找朋友恋爱结婚，拖来拖去都把自己拖成了"剩男剩女"……总之，拖延把你"拖"向深渊，让你变得狼狈不堪，离你想要的生活越来越远……

第三部分，介绍了一些战胜拖延症的方法。作者以条理清晰的文笔，生动活泼的案例讲解，为广大"拖友"提供了一套合理有效的技巧和方法，让你可以直接用来指导行动、作出改变。

如果你像很多人一样，也是一位拖延者，那么请别再犹豫，马上翻开本书，作出改变！

前言

早在十年前，我就打算写一本关于拖延症的书，当时我接触到的来访者，有很多是因为拖延而导致出现一系列心理上的困惑。拿我写这本书来说，从开始打算到成书，花了十年时间，从某种程度上来说，这也是拖延导致的。好在最近几年我有意识地跟拖延展开了较量，用具体的方法和策略来让自己养成了立刻行动的好习惯。在本书中，我会把自己对拖延的认知以及怎样战胜拖延的方法分享给大家，希望能帮助有拖延症的读者尽快摆脱拖延。

"拖延"（procrastination）一词的拉丁字源的解释是"向前"（pro）加上"为明天"（crastinus），意为"将之前的事情放置到明天"。客观地说，拖延症算不上什么正儿八经的病症，医院里也没有专门治疗它的科室，可它却无时无刻不在困扰着人们，很多时候，我们都是在不知不觉中就掉进了拖延症的旋涡。

你是否已经习惯了不能按时完成工作，看似连轴转，却又像无头苍蝇似的总是忙不完？你是否总因为自己没有足够的时间而感到懊恼？你是否连精心打扮一下自己的时间都没有，时间似乎总是匆匆而过？但你想过没有，时间是公平的，每个人拥有的时间都相同，为什么别人能过得精致、自在，而自己却生活得如此狼狈？原因就出在自己身上，是无形中的拖延症让你的生活越来越糟糕。所以说，拖延说起来不算病，但一拖起来确实就能"要人命"！

拖延成了阻碍人们工作和生活的很严重的问题。更可怕的是，拖延不仅给人们的实际生活带来坏的影响，更给人们的心理造成严重伤害。因为改不掉拖延，那些拖延症患者不得不承受着拖延带给他们的身体和心理上的各种折磨，有愤怒、焦虑、不安、自责、疲累甚至到最后的绝望。

对于外人来说，很多拖延症患者从表面上看和正常人并没有区别，但他们在内心深处却经常因为拖延而感到极度痛苦。因为拖延，他们无法在规定时间内完成应该完成的事情，他们会因此感到愤怒和懊悔，并伴有很深的挫败感。而当他们下定决心下不为例时，但当下一件事情发生，又是同样的拖延。这时虽然从外表上看不出什么，但他们的内心，却备受煎熬。

为了帮助更多人改掉拖延，我精心策划了本书。书中从多方面详细分析了拖延症形成的原因、危害以及出现的各种类型与症状，为了让读者能够对它有一个全方位的了解并战胜它，我运用理论加案例的方式，用通俗易懂的语言为读者详细介绍了如何从心理和行为上克服拖延，戒除它对我们生活和工作的干扰，从而让我们能够以更好的状态迎接全新的生活。

最后，希望每一位读者都可以成功战胜拖延，真正获得属于自己的高效能人生！

目录

第一部分　你为什么一拖再拖

第1章　认识拖延症 / 3

拖延症的真实面目是什么 / 3
如何判断是不是有拖延症 / 7
拖延思维有哪些种类 / 9
看看你是哪种拖延 / 13

第2章　拖延的"心理症结" / 17

缺乏自信 / 17
完美主义 / 20
懒惰心理 / 24
没有目标 / 27
害怕失败 / 30
恐惧成功 / 33
依赖他人 / 36
《明天》/ 39

第二部分　拖延症害你有多深

第3章　麻烦，只会越拖越大 / 43

身体的小毛病拖成了大问题 / 43

拖到钱花完了才意识到理财还没开始 / 47

"剩男剩女"也是拖出来的 / 49

第4章　时间，是这样浪费的 / 53

越拖延，越颓废 / 53

犹豫会让很多人后悔不已 / 56

拖延是一种无所谓的耽搁 / 59

第5章　拖延是一种"病" / 63

习惯性拖延会变成"拖延症" / 63

拖延会让你更加焦虑 / 66

拖延足以坏了你的大事 / 71

《昨天》/ 73

第三部分　如何告别拖延症

第6章　目标清晰，明确方向 / 77

用明确的目标来打破行动上的"迷茫" / 77

用小目标来积攒持续行动的信心 / 81

及时修正自己的目标 / 86

专注于一个目标 / 90

制定你的目标清单 / 94

设定一个实现目标的期限 / 96

第7章　克服懒惰，积极行动 / 100

懒惰，是拖延的"罪魁祸首" / 100

立刻行动 / 103

别做规划上的巨人，行动上的矮子 / 107

别把希望寄托在明天 / 108

别让坏情绪延缓了事情的进度 / 111

用积极心态战胜拖延 / 114

全力以赴去做一件事情，并努力把它做好 / 118

第8章　发挥时间的最大效能 / 123

盘活那些碎片时间 / 123

"二八定律"时间管理法 / 127

利用好你的空闲时间 / 132

折叠时间，别让它们掉进黑洞 / 136

从一分一秒做起 / 139

时间是"计划"出来的 / 143

高效利用"黄金时间" / 145

第9章 对抗干扰，保持专注 / 149

一次只专心做好一件事 / 149
避免在决策上浪费时间 / 152
专注使你更高效 / 156
发挥自律的力量 / 157
排除各种意外干扰 / 162

第10章 那些对抗拖延的好习惯 / 168

让运动成为一种习惯 / 168
坚持反思 / 170
积极的心理暗示 / 173
第一次就把事情做对 / 178
有条理有秩序地做事 / 181
争取一次性解决问题 / 186
不找任何借口 / 189
做事不苛求尽善尽美 / 193
泡在裹挟成长的氛围里 / 197
《今天》/ 199

后记 / 200

第一部分
你为什么一拖再拖

拖延行为是一种普遍存在的现象，大部分人即使明知道它会造成糟糕的后果，之后的日子恐怕要面临各种手忙脚乱，但依然习惯拖着。造成拖延的原因，很大一部分源自懒惰、恐惧、压力太大等心理因素。因此，摆脱拖延的关键还是要认清它的真面目，找到心理问题所在。

第1章 认识拖延症

拖延症的真实面目是什么

美国作家唐·马奎斯曾说:"拖延是止步于昨日的艺术。"的确,人的生命是有限的,不过短短的几十年。如果我们在工作和生活中始终被那些无聊的、琐碎的、没有意义的事情所纠缠,从而浪费掉宝贵的时间,那么,我们就无暇再顾及那些真正重要的事情了。世界上有很多勤勤恳恳的人,但最终获得的成就却很一般,如果他们能够将自己的时间和精力充分利用起来,相信他们绝对能够完成更有价值的事情。

你是否也曾有过这样相似的经历:上学时为了证明自己是独一无二的,交作业时你总是最后一名;工作时,你总会拖到无法再拖时,才废寝忘食地"加班加点"去完成。我们都知道拖延是不好的习惯,但却无力摆脱。仔细想想,这些年拖延给你带来的损失,你真正清楚吗?

在现代社会中,很多人对于拖延行为的抵制和克服是很困难的。据资料显示，大约有70%的大学生有不同程度的拖延习惯，有25%的成年人有慢性拖延问题，另外，还有95%的人希望能减轻或摆脱他们身上的拖延恶习。因为他们的生活已经受到了拖延的影响，一些人更是对此感到苦恼不已。其实，你或许已经发现了，目前的你可能正处在"拖延的怪圈"里！

如果你还不清楚自己是否有拖延症，那么，我们可以了解几种拖延的形式和表现，来对照一下。我们不妨先来看看下面的故事：

Tom是一位重度拖延症患者，30岁仍然一事无成，自认为已病入膏肓、无药可救，以下是他的自白。

我叫王××，大家都叫我Tom，我是一个慢性子，做事始终不紧不慢，后来又患上了拖延症，从此"高效"这个词就跟我无缘了。

我今年30岁，却一事无成，没房没车没女友。我很着急，也知道改变现状的方法就是更高效地工作，继而赚更多钱，实现所有愿望。于是，我开始制订计划，各种流程完美的计划、表格、待办事项清单都做得一目了然。可是一到执行的时候，就会莫名其妙地停下来，总是有各种原因不去执行，却找不到一个让自己立即行动起来的理由。

每当任务摆在面前的时候，我总会出现分心的情况，会去做一些比如刷微信微博、查邮件、看新闻等与工作不相关的事。

其实，我的拖延症从上小学时就开始了，老师布置的家庭作业一般都是第二天一早才开始写，而且是抢过其他同学的作业一通抄。寒暑假每到快开学的时候都是我最忙的时间段，因为我要频繁走访学习成绩好的同学，去拿他们的作业来抄。

我甚至连追女孩这件事都拖。从中学到大学再到工作，面对心仪的女孩，我会很早就开始在心中想好了各种表白的桥段，却迟迟开不了口，直到心仪的女孩被别人追走。为此，我一直悔恨，却依旧无法作出改变。

每到需要自己付出行动的时候，我似乎就变成了另外一个人，内心总有一个声音告诉我："别急，明天再说吧。"而我很愿意听从内心的这个声音，于是，放下手头的工作，转而去做一些无聊的事。

我曾经看过很多治疗拖延症的书，发现那些拖延症患者的毛病我都有，比如，缺乏自信、害怕失败、追求完美、懒散成性……

我也很想改变，但是行动的欲望点是不够强烈。我觉得自己就是太懒了，特别贪图安逸。有一次，一份相对高薪的工作找到我，但是我觉得离家太远就拒绝了。

我是不是到了拖延症晚期，已经无药可救了？

这是发生在我们身边的故事，事情虽普通，但它却告诉我们一个道理，就是那些有拖延习惯的人，多半都是拖延心理在作怪，而且，他们总是会为自己寻找各种借口。因此，要克服拖延的习惯，就必须先改变拖延的心理。如果不下决心就不采取行动，那事情永远不会完成。

那么，拖延症的真面目是什么呢？也就是说，你为什么会拖延呢？

1. 缺乏明确的愿景。

人们拖延的最重要的原因之一，就是找不到努力的方向、太过迷茫。如果我们看不到未来清晰的愿景，又怎么会有动力呢？

如果你对将要达到的目标和为何这样做有个清晰的构想，那么，你才会有足够的动力去努力并完成任务。

2. 计划不足。

如果你希望把事情做到最好，那么，你对结果一定要有一个标准，这个标准一定不能太低，最起码要比一般的标准高。我们在开始做事情之前，前期详细的调查论证是必不可少的，同时还要把可能出现的突发情况都考虑周全，避免任何漏洞的出现，直到最终实现预期效果。

3. 常有疲劳感。

很多时候，人们之所以拖延，多半他们都会以疲劳为借口。事实上，正因为无休止的拖延，才会让我们感到疲劳！一定程度上说，疲劳是可以控制的。如果我们合理安排作息时间，按部就班地做事，我们就能减少疲劳，增强自信心，逐渐克服拖延心理。

4. 对结果的恐惧。

对结果感到害怕是拖延的另一个原因。一些人因为害怕失败，也没有足够完成任务的能力，因此，他们推迟行动。另外，还有一些人害怕成功。他们知道完成特定的任务会给自己带来一些并不想要的结果。对此，我们要对完成一项任务的结局有明确的认识。

5. 自制力不足。

在现如今，我们很容易受技术和来自外界的刺激影响，从而更难保持注意力集中。在做事之前，我们最好先排除那些可能出现的干扰因素，比如，关掉手机、网络等。

6. 惰性。

惰性总是与拖延相生相伴的。你会发现，那些你不愿意做的工作，往往是你不喜欢做的或者是难做到的事。因此，要克服拖延心理，你先要克服惰性。万事开头难，要把不愿做但又必须做的事情放在首位，而对于难做的事可以试着把它分解开，然后各个击破；对于那些难做决定的事，则要当机立断，因为最坏的决定是没有决定。

总之，你需要明白，拖延并不能帮助我们解决问题，也不会让问题凭空消失，拖延只是一种逃避，甚至会让原本容易解决的问题变得更加复杂。

最尴尬的是，你明明有拖延行为，可是你却不知道自己在拖延。那么，如何进行自检呢？

如何判断是不是有拖延症

许多人认为，拖延是故意推迟需要立刻去做的事情。但是，这种观点不能准确说明那些长期与拖延作斗争的人们的痛苦，也没有描述清楚拖延者内心里体验到的焦虑、内疚和恐惧，以及这些糟糕感受带来的负面想法："如果我做不好会怎么样？""如果其他人发现我的'真面目'该怎么办？""放弃尝试比失败更安全。""如果做得不对，那么，努力去做到底有什么意义？"这些都是拖延者的典型想法，听起来感觉熟悉吗？

日常生活中，很多人无法分辨什么是真正的拖延。有时候，因为不能一下子做完所有的事情，所以，就把事情往后推迟了一下再处理。或者，只是因为他们太累了，需要适当地放松和休息一下，这两种情况的区别是非常大的。我们要想弄清楚什么是拖延，就是要看它是否给你带来了烦恼。有些人被拖延折磨得痛苦不堪，也有些人感到很平常，并不觉得它是一个多大的问题。

就像有些人喜欢充满紧张和有压力的生活，他们的日程表上总是排满了各种事务和活动，做完一件事马上又去做另一件事情，从来没有想过换一种生活方式。当然，也有一些人喜欢轻松一点的生活。他们不喜欢任何压力，做事从来不急于求成，会花很长时间去做完一件事。还有一种情况是，有人会刻意选择拖延。他们或者是因为有些事情并不重要才决定将其延后，或者是因为他们想要在作出决定或付诸行动之前好好想一想。他们之所以拖延是为了好好思考，让自己有所选择，或者是为了将注意力聚焦到最重要的事情上。

有时候，事情好像一下子全都出现在面前，让人一时来不及应对，我们都遇到过这样的情况。比如有一天，当亲戚突然前来造访，孩子需要你送他去上学，冰箱罢工，税收交付日第二天也就要到期了。如果遇到这样的情况，那么，有些事情必须随它去，因为按时完成每件事是不可能的。既然无法把每件事都做好，那么，接受自己能力有限这个事实也就不会让人太过烦恼了。

有些人之所以不会为拖延烦恼，是因为它无关紧要，重要的事情他们基本都能准时完成。虽然拖延在他们的生活中也占有一席之地，但总的来说，它是微不足道的。还有些人是因为不承认自己在拖延。他们或许对要完成的任务过于乐观，始终低估了自己完成任务所需要的时间。还有些人是"乐观的社会活跃分子",利用社会活动转移对拖延的注意力,并且乐在其中。他们性格外向开朗,过于自信,认为自己虽然是拖延了一些事情,但以后总会有机会和时间做好的。

也有些人因为拖延造成了比较严重的后果。他们为此必须承受恼怒、后悔、强烈的自我谴责和绝望等内在情绪的折磨。在内心深处,他们感到极度痛苦,挫败和愤怒,因为拖延使他们无法完成自认为有能力完成的事情。

拖延不仅会引发内在的痛苦,还会导致严重的外在后果。如果你未曾料想到拖延可能带来的种种影响,那么,这些外在后果就会让你大吃一惊。有些后果是轻微的,比如,因为没有及时支付账单而造成的一笔小额罚款,有些则是必须承受工作、学业、家庭以及人际关系等方面的重大挫折,会失去很多对自己来说非常重要的东西。

拖延思维有哪些种类

拖延思维是一种心理上开小差的方式,或者说是一种回避紧迫而重要活动的方式。这种思维方式传达出的信息是:"我得把这个点子再斟酌斟酌"或"我先睡会儿然后再做",这些很可能是拖延思维发出的信号。当你感到疲乏而难以集中注意力时,打个盹儿当然是个好主意,不过,如果你正打算睡,跟朋友聊上几句之后,马上就精神抖擞了,那么,这个"打个盹儿"的想法就变得很可疑了。

1. "明天再做"的思维。

我们都知道,"明日复明日"是个陷阱,机巧而复杂。不过,你可以在另一个层次上运用这种思维。在"明天再做"思维的支配下,你执行一项任务的条件依赖于先完成另一项。这样你就有理由推迟完成那些原本紧急的任务了。通过这种思维形式,你就成功地把一项意外任务与另一项拴在一起,然后把它们统统推迟!

另一种关于紧急事件的思维方式是,你觉得紧张的状态会让你变得积极和迸发灵感。感觉良好是你行动的绿灯。所以,除非你被逼到绝境,否则,你很容易受到诱惑,推迟去做所有你不喜欢的事情。

另一种情绪应急状态是,你得等待有灵感出现时才开始。但是,像归档工作单这样的任务,谁会有灵感呢?你喜欢做什么,并不是问题,问题是,你不断推迟行动,总是被动地等待不可预期的情绪状态的来临。当然,你也有体验到一种状态,在那种状态中,所有问题是可控的,你不会受到负面事件的影响,可以非常高效地完成你通常会推迟的任务。因此,"有灵感时你会做得更好"也不是毫无道理的。可问题是,这种情况多久才发生一次呢?

2. 倒推策略。

在倒推策略中,你需要先知道自己是怎么变得拖延的,才可能战胜拖延。否则,一定会一再重复这一行为。

事实上,这个策略很唬人,它很像是为有关"自我"之类的深奥问题寻找答案,是需要深思熟虑才能做到的事。但是,就像其他应急策略一样，倒推策略所服务的对象也是逃避，逃避，再逃避。

还没有明确的科学证据能够表明，通过搜索不完整的、有偏差的记忆以探索无意识领域，可以减少或是避免拖延。当然，了解你今天是因为什么而引起不必要的拖延，还是有用的。比如，认识拖延思维，就提供给你改变你的想法的机会，着手去做目前重要的事。

3. 自设障碍与拖延。

自设障碍，是心理学家埃德温·琼斯 (Edwin Jones) 和斯蒂文·伯格莱斯（Steven Berglas）创造出来的词语，它描述了一种认知过程，这种过程可以在处理你不擅长的任务或目标时帮你提高自尊心。"自设障碍"在克服拖延方面起到了关键作用。通过归咎于自设障碍，你可以在面对失败时保存一点颜面。但是，这样会不会也有代价呢？代价就是，你从此走上了拖延之路。

自设障碍在职场中是很常见的。比如，你本来能按时完成任务的——如果你有更多资金、更好的下属积极配合，以及更多时间……办公室政治也是干扰：别人没有完成分内的工作，或者因为你没有及时得到供给，或者电脑又崩溃了，或者公司系统被搞乱了，等等。如果你面对着一个更加强大的竞争者，你是否会用"没有成功的可能"来自设障碍呢？

4. 反事实思维。

反事实思维是针对并没有发生的，但如果你采取了行动，结果也许就会发生改变。一种类型是向上的反事实，它是对过去已经发生了的事件，想象如果你这样做，就有可能出现比真实情况更好的结果。这种思维，有可能会发展成自责，也有可能为将来的计划提供有用的指导。

另一种类型是向下的反事实——如果我当时不这么做，结果可能更糟。

你得小心向上反事实思维，它会让你自我感觉变得糟糕。

相比较而言，"向下"的反事实思维，反而更加"积极向上"一些。一是因为你把自己跟事情分离开来；二是因为想到事情本来可能会更糟，你的感觉就会好一些。

跟向上反事实相比，向下反事实更能让你对自己的表现满意一些。比如说，获得第二名的运动员倾向于陷入"假如自己当时能怎样怎样，就可以获得金牌"这样的想法当中；而获得第三名的运动员则想到，"幸亏怎样怎样，才不至于滑出前三名"。

在焦虑环境中，向上反事实思维会导致更严重的拖延。如果再与自设障碍联系在一起，那么，人就倾向于原谅自己的拖延行为，以获得更多的自尊。比如"其实，如果我准备报告时没有拖延，可能已经得到晋升了。"当这两种思维联合起来时，要摆脱拖延，就变得更加困难了。

在不同的情况下，"原本可以"的思维方式会有不同的结果。如果你认为下一次自己也无力采取更好的行动，那么，这样的想法会让你非常沮丧。你可能会考虑并计划做出哪些改变和行为。这时，你可以选择向下反事实思维，帮自己实现目标。

看看你是哪种拖延

人人都有可能染上拖延症，它对不同年龄、不同层次、不同领域的人都会产生一定的负面影响。尽管都是拖延，但拖延的类型有很多种。下面是形形色色的拖延类型，你可以参照一下，看看自己到底属于哪一种拖延者。

1. 行为型拖延。

这种类型在工作和生活中是最为常见的，主要表现在做事上拖延。工作中，我们通常在完成一个项目或计划的过程中无法坚持到底或者草草收场。举个例子。一个市场开发人员准备向公司领导建议开发一个新的市场项目。于是，他对这个新项目做了一番市场调查。调查工作完成后，他开始写该项目调查报告，在写调查报告的过程，他发现这个项目实际操作起来非常有难度，没有自己想象中那么容易。于是，他踌躇起来，最后，终止了这个市场项目的开发。

2. 迟到型拖延。

这种类型的拖延者无论做什么事都喜欢拖延，没有时间观念。无论是上班、约会还是开会等。总之，这一类人就是超级不守时。实际上，这种类型的绝大多数人清楚自己的缺点，也想改正，但总是改不掉。

3. 瞎忙型拖延。

生活中有这样一类人群，他们似乎永远都在忙，忙得甚至顾不上喝水、吃饭或者停下来歇一会儿。他们真的有那么多的事需要忙吗？答案是否定的。实际上，他们一直是在"瞎忙活"，忙碌的都是没有任何意义的事情。他们忽略了一些重要、有意义的，应该早做的事情，是在舍本逐末地瞎忙，所以，他们虽然看起来特别忙碌，但实际上他们一直是在原地踏步。

4. 消极反抗型拖延。

这是一种源自消极反抗性行为导致的拖延。这种类型的拖延者认为自己的权益遭受到了侵害，却没有办法采取主动的反抗，于是"被迫"消极对抗，也就是采取拖延的方式表达不满。比如，你的上司要求你在一天之内做完上一季度的客户反馈报表。你认为这个工作有些难度，但是如果全力以赴去做的话，也有完成的可能，但你不想去做，所以，你觉得上司的这个要求有些过分，为表达内心的不满，你决定拖延做事。

5. 改变型拖延。

改变型拖延是因为不想改变、害怕改变而产生的一种拖延。这种类型的拖延常出现在思维顽固的人身上。因为害怕自己被操控，害怕适应不了新变化，于是下意识地拖延。即使这种变化是无法改变的，是终究要来的，这种类型者也会尽力拖延。这种情况下，改变型拖延和反抗型拖延通常交替出现。

6. 承诺型拖延。

这种类型的拖延者内心清楚自己有拖延的习惯，也想改掉这个坏毛病，重塑一个全新的自我，每当痛下决心要作出改变时，甚至都做好了具体的改变计划，可在真正执行的时候，却又变得拖拖拉拉，很多应该做的事被一拖再拖。结果就是，改变成了一句空话。

7. 学习型拖延症。

顾名思义，就是对待需要学习的事情、需要参加的学习活动等，既没有紧迫感，也不着手处理和学习。也许有人会说，我还年轻，有大把的时间，但你可能没有意识到，现在的你如果你不抓紧时间和机会学习，就无法使自己适应急剧变化的时代，就会有被淘汰的危险。只有善于学习、懂得学习的人，才能具备高能力，才能够赢得未来。

8. 保健型拖延。

这是关于身体健康方面拖延选择的问题。这种类型的人内心很清楚拖延对自己是不利的，但却偏偏心存侥幸，认为自己不会那么倒霉，所以，总是将该做的事一再拖延下去。比如，你觉得你的近视镜度数有些小，想去医院重新做一下近视测定。这件事你想了很久，却一直没有去做。终于去了，又发现挂号的人很多，没有耐心等下去，就离开了。等下一次想起来，再去，依旧挂号的人很多，于是又走了。就这样，直到感觉眼睛实在不舒服的时候，才决定去做检查，可是这时眼睛已经受到了较大的伤害。

9.消极退让型拖延。

这种类型的拖延多是因为当事人性情胆小怕事,不愿得罪人,或是害怕得罪人,本着"多一事不如少一事"的原则,尽可能给对方让步,成全了对方,却使自己陷入尴尬的境地,使得分内工作无法完成,造成了拖延。

第2章 拖延的"心理症结"

缺乏自信

缺乏自信的人做事的时候会习惯性地产生畏难情绪，认为自己什么都做不好，从而拖延不愿行动。所以，一个人的自信程度也决定了其行动力的强弱。

当你认为自己有能力成功完成任务时，美好的事情就会发生；当你怀疑自己没有能力把事情做好时，你会更容易拖延。多项研究证实，自我效能感低，或者认为自己没有能力完成某项任务，与拖延相关。对于许多拖延者来说，自我怀疑可能是导致拖延行为的根源。

自我效能感是指你相信自己有能力完成某项具体的任务，或在特定的情境中取得成功。当面对一项任务时(无论是做工作汇报、学校作业或者修理家中的水龙头)，我们会立刻审视任务，评估自己的能力，权衡差距，最终产生对这项任务的自我效能感。如果觉得能力等于或大于挑战难度，我们就认为自己能胜任，或者说自我效能感高；如果我们认为自己的能力与任务之间存在差距（能力不足），那么，就是自我效能感低。

自我效能感决定着我们是采取行动，还是拖延时间。

如果我们自认为能胜任某项任务，或者对某项任务拥有较高的自我效能感，那么，我们往往会迫不及待地采取行动；如果我们自认为能力达不到要求，则往往会逃避挑战。

"明天再说吧"是拖延症患者的口头禅。在他们看来，什么事都可以放到明天，甚至自己喜欢做的事也不例外。

小伟就是这样一个人，自认为是重度的晚期拖延症患者，而且无药可救了。

小伟知道自己习惯拖延，制作了日程表、待办事项清单，可就是没有一次是按时完成的。哪怕待办清单上面只有一件事，他也拖拖拉拉难以完成。

当他打开电脑准备发邮件，就会情不自禁地打开各种网页，不是看看新闻就是玩会游戏，似乎除了发邮件这件事，其他的都能吸引他。结果，一封邮件发了半小时。

小伟对此很无奈，经常跟身边的人诉说自己的苦恼，还找到了很多"同病相怜"的朋友。"明天再说吧"，几乎成了他们的口头禅。

小伟也并不是每件事都会拖到明天，但是绝对不会立刻去完成。以约会这件事来说，小伟从来没有一次准点到过，这也让他的女朋友很烦恼。

迟到是女人的特权，没想到当这种特权遇到拖延症患者，女方也只能深感无奈了。丽丽是他的现任女朋友，也是一位拖延症患者，只不过没有小伟那么严重。

前几任女友，至少有两个是因为受不了小伟的拖延而选择分手的。小伟跟丽丽约会，比如定在下午两点见面，丽丽至少会迟到半小时，结果到了之后发现小伟还没到，打电话才知他刚出门。问他因为什么事情迟到，他也回答不出来。实际上，小伟可能从一点就开始做准备了，直到两点半还没出门。

后来，丽丽也有经验了，每次都会比约定时间晚一个小时才出门。尽管这样，她还是提前到的那个。

小伟知道别人不会像丽丽这样迁就他，也知道拖延症的危害，可就是改不了。领导交给他的工作任务，无论是否困难，他当天总是做不完，所以，每天快下班的时候，他都是公司里最忙碌的，好像只有这个时候才能想起还有未完成的工作。

为了治疗拖延症，小伟买了很多关于时间管理方面的书，还特意买了一本手账，用来规划每一天的工作安排。可是一周之后，小伟发现根本无法坚持下去，因为未完成的任务越来越多。例如周一记录了5件事，他只完成了2件，周二记录了5件事，需要做的总共就是8件。依此类推，到了周五，待办事项就会累积到即便周末加班也无法完成的状况。

最后，小伟彻底失去了信心，扔掉了书籍，不再记手账。在他看来，规划对他这种重度拖延症患者毫无作用，索性破罐子破摔。

"明天再说吧"是拖延症患者的典型心理，这些人对自己的要求很低，缺乏信心，无法承受过大压力。他们也曾试图作出改变，但是在遭受了一两次挫败之后，就开始接受现状，放纵自己拖延下去。

拖延会对自信心或总体能力认知产生负面的影响。拥有健康的自我效能感的人更自信，能够产生更准确的自我认知。通过不断完成任务，他们形成牢固的意识——"是的，我能完成它"。如果自我效能感低、行为拖延，就会出现可怕的循环——认为自己不擅长某件事，因此会逃避它，这让人很难培养相应的技能。在这一过程中，自信心也会遭到摧毁。

完美主义

丘吉尔曾说过："完美主义让人瘫痪。"科学家通过研究认为，苛求完美是人们寻求幸福路上最大的障碍！

仔细观察身边的完美主义者，大都有拖延症。这些人一方面努力要求自己达到更高水平，另一方面又因为严苛标准无法实现而导致拖延。

追求成功是人类的天性，人们通过自我激励不断实现更高的目标，这也是社会进步的动力。心理学家将完美主义分为积极完美主义与消极完美主义两种。对于前者来说，高期望确实可以带来较大的成就；对于后者来说则恰恰相反，由于他们盲目追求完美，对自己要求过于严苛，恐惧失败且只关注结果，以至于习惯性地设定不切实际的目标。

结果，当他们发现目标过高难以完成之后，就会感到失落，情绪受到影响，于是认为不行动就不会失败，最终养成拖延的习惯。

玛拉是个全职妈妈，有一个刚刚两岁的孩子，并且即将迎来第二个宝宝，亲朋好友都认为正是这种情况使她不能把该做的事做好。从高中时为写作文找到完美措辞，到为她的婚礼挑选合适的鲜花，每个决定对她来说都是至关重要的——选择永无休止，"正确"的答案总是不清晰。以前，事情终会完成，但是，从她成为母亲之后，玛拉总感到自己变得越来越拖延。她对做事方式有严格的限定，而这些限定耗费了她大量的时间，让她无暇去完成任务或作出决定。她想要为两岁的孩子选一款汽车座椅，于是花了数小时上网搜索产品评论、安全性能和论坛意见。针对每一款座椅，她都制作了一份电子表格，列出它们的优缺点，大量的信息与矛盾的观点让她茫然不知所措。这些座椅要么不够好，要么不够安全，要么没有合适的颜色，让她无法作出最终的选择。完美的选择困住了她，让她裹足不前。到了必须做选择的时刻，玛拉最终让步，让丈夫去买座椅。由于玛拉设定的标准过高，加上她对犯错误很敏感，因此，她家里的花圃空荡荡，房子没有刷漆，婴儿房里没有家具。

就像玛拉的故事阐释的那样，完美主义严重遏制了人们的有效行动。

积极完美主义会让人变得更好，消极完美主义则会让人变得更糟。当你意识到完美主义没有起到积极作用，而是导致拖延的时候，就要及时调整。

下面是完美主义者的十个典型表现：

1. 总是努力让所有人感到满意。

完美主义倾向往往始于童年时期，严格的家庭教育让他们从小就以严苛标准要求自己。他们被灌输了必须成功的信念，肩负了全家人的期待。长大之后，他们为了不让每一个人失望，总是试图让所有人都满意，所以，在光环之下，拖着的是一副疲惫与痛苦的身躯。

2. 万事俱备才会开始行动。

完美主义者总是要等到万事俱备才会开始行动。对他们来说，立刻行动很难接受，必须等到心中的最佳时机来临才行。

3. 或多或少的拖延症。

有意思的是，完美主义者一方面具备强烈的成功欲望，另一方面或多或少存在拖延倾向。可以说，两者是相辅相成的关系。

4. 制订计划总是滴水不漏。

在制订计划的时候，总是滴水不漏，会考虑到每一个细节，无论这件事是否重要，也不管要为此花多长时间。

5. 成王败寇。

很多完美主义者都是"一根筋"，即要么成功，要么失败，没有中间地带。研究表明，完美主义者总在规避风险，这样会抑制创新性和创造力。当察觉到有可能失败的风险时，完美主义者则会下意识地选择逃避。

6. 对小错误耿耿于怀。

由于完美主义者对微小的失误无法释怀，他们经常后悔，导致情绪低落，甚至是止步不前。

7. 重要事项往后推。

越是紧急的事情，越会往后推。因为完美主义者认为，重要的事情必须做好充分准备，并等到最佳时机来临才能行动。

8. 目标从未真正"实现"。

对于完美主义者来说，他们的目标从来没有真正实现过。因为当某个目标完成之后，就会有新的目标出现。例如，某个人的年目标是赚20万元，实现之后会非常满意，大肆庆祝；而一个完美主义者实现了年赚20万元的目标之后，并不会认为目标完成了，而是会设定新的目标，第二年赚40万元。他们正是在这种循环中不断提升自己，超越自己。当然一旦遇到困难，也会因此导致拖延。

9. 伴随轻微强迫症。

完美主义者总会与强迫症相伴，比如在正式开始工作之前，必须把文件整理好，把邮件处理完，再把桌子收拾干净……

10. 饱受内疚与羞愧的折磨。

来自外部的压力会让完美主义者饱受内疚与羞愧的折磨，一旦没能实现目标，这种感受就会非常强烈。

无论拖延症也好，完美主义倾向也罢，病根都在心，其他治疗方法都只是起辅助作用。只有解决了心理问题，然后辅以各种时间管理、效能提升技巧，才能完全治愈疾病。

懒惰心理

懒惰的人都是因为喜欢躲在"心理舒适区"不愿意出来，认为这是他们的温馨港湾，在这里没有压力、没有风险，舒适自在。

"心理舒适区"指的是一种心理状态，即人们感到安全、舒适。

而一旦超出这种心理状态，就会出现焦虑、不安全甚至恐惧心理。

然而，很多人已经意识到，虽然处于这种心理状态下"一切都好"，但是却会变得越来越懒。

这种状态会在个人收入锐减时拉响警报，让他们逐渐意识到必须作出改变，要跳出"心理舒适区"。

1908年，心理学家罗伯特·M·耶基斯和约翰·D·道森提出了一个概念，叫作"最优焦虑区"。这个空间压力略高于普通水平，处于舒适区之外。

人们只有达到"最优焦虑区"，才会表现出最佳水平。简单来说，适当的压力可以逼自己做出更大的成就；没有压力则会处于"心理舒适区"内，也就没有成绩；而压力过大则会适得其反，让人们倾向于回到舒适状态。所以，想要彻底离开"心理舒适区"并不容易。

连按时起床都感到困难的人还能做什么？这是拖延症晚期的表现，如果不赶紧治疗，人生即将面临无可挽回的境地。相比于上班族来说，学生党要想解决起床问题更为艰难。

尤其是到了假期，没了校规的约束，可谓撒开欢了，吃饱睡，睡醒吃，然后再睡。

起床困难户最怕的就是冬天，北方还好，因为有暖气，南方阴冷潮湿，早上天没亮就要起床上班上学，的确是一件很痛苦的事。

小董就是一位资深起床困难户，他的行为超乎了很多人的想象。

冬天来了，小董竟然选择了辞职"冬眠"！

"我辞职了。"

"找到好工作了？"

"没有，冬天来了！"

"冬天来了跟上班有什么关系？"

"冷啊！我得在家睡觉！"

小董生活在二线城市，家境还不错，生活无忧，从小就很懒，患有很严重的拖延症。然而，这一次他的做法再次震惊了同事与家人，辞职的原因竟是冬天天冷起不来。

小董刚工作不久，是公司的文职人员，每日工作清闲，没有女朋友，也没有生活压力，赚的钱够自己花就行了。

做出这个决定也是经过了一番煎熬。头两年的冬天，小董都是靠家里人把他叫醒。后来父母要做生意，很早就出门了，他只能借助于闹铃的帮忙才能起床。

25

然而，他不断变换闹铃的间隔时间，想要找到适合自己的节奏。最夸张的是平时7:30起床，闹铃设定在6:30、7:00、7:30，从间隔5分钟变为间隔30分钟。即便如此，小董最早一次起床也要到8:30。

第一遍闹铃几乎没用，最多让他打两个滚；第二遍闹铃能让他睁开眼睛看看表；第三遍闹铃会让他意识到该起床了。不过，没有家人生拉硬扯的帮助，他就是不愿意起床，还说"天气实在太冷了，想再躺会"。这一躺不要紧，又是一个小时过去了。

每到冬天，小董就会频繁迟到，那点工资根本不够交罚款的，领导也多次找他谈话，给他施加了很大的压力。

在一次挨批之后，小董终于下定决心，不是"再也不迟到了"，而是辞职回家睡觉了。

这两年，这种工作方式已经成为小董的常态：每到冬天，他就辞职回家"冬眠"，第二年开春后再找工作。

小董之前并没有意识到问题的严重性，直到工作越来越难找，薪水越来越低。他也发现了自己的身体和心理都出现了异样，每天起床都会烦躁不安，情绪失常，影响人际关系，身心都很疲惫，整天都没精神。

在咨询了心理医生之后，小董知道自己患有严重的拖延症，与自己的意志力、自控力较低有关系；同时他依赖性强，喜欢随心所欲，这都导致赖床的行为。

懒惰的心理成因主要有以下几点：

1. 依赖性强。

大部分情况是由于家教方式错误造成的，过度溺爱导致孩子形成高度的依赖性，在家庭中依赖父母，工作中依赖同事，生活中依赖朋友。

2. 缺乏上进心。

是因为长期预期回报低导致的，没有目标也就没有进取的动力。

3. 逃避心理。

有时候懒惰是因为逃避心理造成的。越是失败的人，心理承受能力越脆弱。因为承受不住失败的后果，所以选择逃避，认为不去做就不会输。这也导致了拖延现象的发生。

当逃避心理变得习以为常，懒惰也跟着成为习惯，再想改变就很难。逃避是无法解决问题的，当问题越积越多，更无从下手，这样就会导致恶性循环。

没有目标

心理学家经过研究发现，有目标的人更容易获得成功，缺少目标意识的人则行动迟缓，效率低下。懒惰是人性的弱点，没有监督、没有目标的情形下，很容易导致拖延行为。

绝大多数普通人不是因为笨，而是因为缺少目标。试想：一个都不知道要去哪里的人，还有什么必要走那么快？

通常，没有目的地的人都在闲逛，边走边琢磨到底要去哪儿。这样的人既走不快，也没必要走得太快，因为心中没有目标。

没有方向感的人是迷茫的，没有目标的人生是乏味的。这些人每天都抱着混日子的心态处世，并自我安慰说要及时行乐、享受当下。拖延的种子正是在这种思想中萌芽、生长的，最终成了习惯。

小东自从上大学开始就意识到自己有拖延问题，对什么事都提不起兴趣，也没有任何目标。大二那年，他意识到问题的严重性，于是试图作出改变，为自己制定了一大堆目标，因为没有动力支撑，结果一个都没有完成。

小东觉得，任何事都可以让他分心。玩手游、刷朋友圈、看网络小说、发帖子，就是不想做与目标有关系的事。

小东为此咨询过心理专家，说自己十分困惑，没有目标的时候，不知道该干什么。但是现在有了目标，却发现问题依旧，还是行动不起来。

心理咨询师了解完小东的情况之后，发现他虽然有心改变，却不得其法，因而无法改善他的拖延行为。

例如，一块一米宽、十米长的木板，放在地上，所有人都能轻松走过去。这就是设定简单目标的好处，不仅容易实现，还能提升信心与效率。如果将这块木板架到两座摩天大楼之间让人们通过，对于没有经过专业训练的人来说，这样的目标显然不切实际，只会让自己因为害怕失败而止足不前。

也就是说，无论是没有目标，还是目标不切实际，都可能造成拖延行为，而这两种现象又是非常普遍的。

我们来看一个故事。

曾经有三组人，分别向 10 千米外的三个村庄前进。

第一组的人不知道村庄名字，不知道路程远近，只被告知跟着向导走即可。

第二组的人知道村庄名字，知道路程多远，但是路边没有里程碑，无法衡量过程。

第三组的人知道村庄名字，知道路程远近，同时每走一公里都会看到里程碑。

根据上述信息，你觉得哪一组会最先到达目的地？

第三组！

因为第三组的人有明确的目标，知道总体路程，而且还清楚距离目的地有多远，因而可以调整前进速度。他们的目标完全遵循 SMART 原则，清晰、可衡量、可实现，所以，很容易应对行程中的困难并战胜它们，迅速到达目的地。

解决完目标设定的问题，第二个问题就要考虑执行力。清代文学家彭端淑在《为学》一文中讲到一个故事。

一个穷和尚对富和尚说自己想去南海，富和尚惊讶地说："咱们在四川，离南海好几千里，你怎么去？"

穷和尚答："我靠着一个水瓶和一个饭钵就够了。"

富和尚说："不可能，我一直想雇船去南海，但一直没有成功。你仅靠走怎么可能？"

第二年，穷和尚从南海回来了。富和尚非常惊讶，面露愧色。

这个故事告诉我们，没有行动，再远大的目标也无法实现。

没有目标的人与缺少行动力的人，构成了拖延症群体的主力军，前者是根本没有方向，后者是有目标没有执行力，最多也只能半途而废。

害怕失败

一部分拖延症患者，是因为对失败的恐惧，导致出现逃避、退缩的行为。在心理学上被称为失败恐惧症。这些人只有通过幻想在虚拟世界取得精神胜利。一旦在现实生活中遇到困难，他们就会想到逃避，拖延正在做的事，寄希望于从虚拟世界找到胜利的方法。

英子今年25岁，是一位很普通的女孩，多年前患上了失败恐惧症。在英子上初中后，父母的关系出现裂痕，妈妈一气之下远走他乡做生意，好逸恶劳的爸爸则开始酗酒。但是他们并没有离婚。

英子性格开朗，待人热情，所以，工作之后得到了很多帮助。英子工作很努力，她想证明自己的能力，也想多赚钱以便能够独立生活。所以，她选择了做业务。可是，即便领导、同事都很帮忙，分给她资源，帮她熟悉业务，三个月之后却一单也没有做成。

由于公司实行末位淘汰制度，英子只能黯然离开。这对她的打击不小，然而性格开朗的英子没有选择放弃，而是接连又去了两家公司，都是做业务。可是她的成绩依然不理想，一次是被开除，一次是主动离职。

事业不顺，感情又出现了问题，相恋多年的男朋友另有新欢，离她而去。英子身心俱疲，连房租都付不起了，在多重打击之下，英子选择了逃避。

她只身来到丽江，想要重新开始。在两个多月的游山玩水之后，她花光了所有积蓄，心情也恢复了。于是，在一家客栈找了份工作，虽然赚得不多，但是很开心。

由于客栈需要做的事情不多，英子也变得越来越懒惰，导致老板对她颇有微辞。半年之后，英子与顾客发生了争执，结果老板借故开除了她。

英子对自己很失望，这么简单的工作都做不好，她开始怀疑自己的能力。英子又选择了逃避，她决定去大城市上海。她完全没有意识到自己将要面对的是什么，依然找了一份销售的工作。可是与小城市相比，上海的节奏简直太快了，英子根本承受不了。

在这里，没有人帮她，而且，由于工作效率太低影响了团队，拖了其他人的后腿，渐渐地大家对她的抱怨越来越多。结果只做了两个月，英子就主动离职了。

英子认为自己根本做不了销售，所以干脆找了一份前台的工作。

本以为前台的工作很容易，但是英子性格大大咧咧，经常出错，因此没少挨批。她开始害怕上班，担心做不好被批评，被人说成一无是处。慢慢地，她的拖延症加重了，早上醒来之后不想起床，导致总是迟到，甚至

31

不想去上班，开始频繁请假。

最后，索性给负责人打电话说"我辞职了"。就这样，英子又开始了"逃亡之旅"。

英子的故事是典型的失败恐惧症，担心自己什么都做不好，结果导致拖延，之后进入了恶性循环。

担心工作做不好，是许多有能力的人的绊脚石。事实上，被寄予厚望的人更容易害怕失败，害怕达不到期望的那样。

阿文大学一毕业，就得到多家公司的青睐。他极有个人魅力，聪明友善。所有人（包括他自己在内）都对他的前途寄予厚望。他喜欢他的工作和同事，憧憬着美好的未来。然而，阿文很快发现自己在同事的关注下畏缩不前，花越来越多的时间独自待在办公室里。阿文担心自己提出错误的意见，所以，他在会议上常常保持沉默，当讨论转向他不熟悉的领域时，他会很快转移话题。在临近第一次重要汇报的几天里，他发现自己始终在纠结一些琐碎的细节，比如，在幻灯片上找到合适的字体大小与颜色、反复练习开场白（而不是汇报的内容），或者通过睡觉和看电视来避免焦虑。阿文害怕老板对他失望，这种恐惧是毁灭性的。在汇报的前一天，他整晚失眠，担心被认为是徒有虚名，第二天早晨，他打电话请病假以逃避自己的恐惧。

对阿文和其他焦虑型拖延者来说，对失败的恐惧可能是行为背后的驱动力。害怕辜负期望或者让自己或他人失望，可能会让你不停地想象失败场景。但是，如果你把更多的时间放在准备上，结果肯定会更好。

恐惧成功

如果说，一个人因为害怕失败而选择拖延，那么，这种情形多数人都能理解。失败了会让人多尴尬、多受伤？若是不做就不会失败了。这样的想法顺理成章。但如果说，一个人因为害怕成功，所以选择拖延，你会不会觉得奇怪？甚至觉得这是一件不合逻辑的事？

事实上，这种情形的确存在。很多人在潜意识里存在着对成功的恐惧，也正是有了恐惧，才阻碍了他们的行动，让他们与成功失之交臂。只不过，恐惧成功的理由往往因人而异。拖延完成任务和故意失败可能是一种逃避关注或害怕由成功带来更高期望的方式，也可能是自我否定的一种形式——不相信自己能成功。其实，拖延和逃避可能是对成功的定义和对自己或环境的看法二者之间的差异导致的。

新梅一直以来都想做一位出色的职业女性，最初一切都很顺利。正当她意气风发之时，却遇到了职场潜规则。摆在她面前的只有两条路，要么忍受潜规则一路向上爬，要么被边缘化。

新梅选择了拒绝，结果很快被边缘化，毫无升迁机会。这个打击让新梅彻底崩溃，她没有了从头再来的勇气，对成功的渴望也越来越低。

渐渐地，新梅失去了希望，开始逃避。其实，即便是被边缘化，新梅的工作能力仍然是很出色的，当其他人无法胜任时，只有她能够独当一面。所以，公司还会给她提供升职机会，只不过无法进入核心管理层而已。

然而，新梅早就没有了进取心，虽然表现不错，可她只是拿出了50%的工作能力，做事习惯性拖延，只要不是最后一位就行。

面对唾手可得的升职机会，新梅也不愿争取，甚至直接表示没有兴趣。

逃避成功，可能意味着逃避理想。一个没有理想的人，做事时就不会有效率，拖延也就成了很正常的现象。

逃避成功的心理原因主要有以下几点：

1. 担心需要很大的付出。

很多人不是不想获得成功，他们是害怕在这个过程中自己付出得太多，自己无法承受。因为在追求成功的过程中需要付出很多的时间、努力，还要非常专注，所以，有些人认为自己无法做到，又害怕半途而废，认为不去做最安全。这种心态主要表现为下面几种情况：

（1）漠视竞争。因为拖延，所以对竞争一点都不感兴趣，也不想得到胜利的回报，他们对一切都显得颇为冷淡。"随便你，无所谓"，这是拖延者给人留下的第一印象，因为他们从不全力以赴地去做任何事情。

害怕失败的人和害怕成功的人都不愿意参与竞争，但他们害怕竞争的原因是不一样的。前者是因为他们害怕被人看出自己的软弱和无能，而后者是因为他们害怕自己获胜，于是他们就开始拖延。他们本来就不喜欢参与竞争，所以，会推迟发出求职信，以至于影响了自己的求职；会推迟参加马拉松训练，从而使自己在比赛中变得无足轻重；会推迟学习，认为"成绩根本没有那么重要"，以至于自己拿不到学位。

（2）承诺恐惧症。如果不想参与竞争，拖着不做承诺是一个非常好的逃避方式。因为不承诺，你就可以不行动，也就不可能获得成功。害怕失败的拖延者害怕承诺，因为他们担心自己会犯错或者承诺了自己做不到的事情；那些害怕成功的人则担心做出承诺会让他们在为成功做好准备之前就被卷入竞争，所以，拖延就成了他们最好的自我保护方法。

（3）不想成为一个工作狂。有些害怕成功的拖延者担心自己会成为一个工作狂，他们不想整天没日没夜地工作。他们觉得如果自己不再像以前那样混日子了，他们就会一直这么干下去，永远都不会再有自由了。

2. 成功是需要下功夫的：过程中可能有人会受到伤害。

许多通过拖延来逃避成功的人都做好了由于获胜欲望带来惩罚的准备。因为害怕被人批评，害怕被人指责为"自私""满脑子只有自己"。

3. 认为成功是禁区。

有的人会觉得成功是一个禁区，是因为他们从根本上出了问题，认为他们无法获得成功和满足。事实上，这不过是大脑构建出的假象，并不是事实。但是，我们也知道这种感受会让拖延充斥到个人生活的方方面面。

（1）我不配成功。拖延可能会被当成做坏事的惩罚。我们遇到过一些拖延者，他们做了一些有违道德或者伤害他人的事情，比如说谎、不忠、

35

欺骗或操纵他人，并因此感到内疚。但是，也有很多人感到内疚是因为一些后果并不那么严重的行为，或者是因为一些不在他们责任范围内的事情。然而，他们在感到内疚的时候并没有区分什么是真实的错误，什么是想象的错误。

（2）我命中注定不能获得成功。有些人的自我评价非常低，以至于认为自己根本与成功无缘。他们认为自己不能胜任各种职位、没有准备好或者不受欢迎，在任何事情上都认为自己不能取得成功，于是干脆放弃了尝试。

依赖他人

如果你是一名"资深"拖延者，那么，你是否有这样的经历：学生时代，你习惯性地等待父母为你准备好一切后再出门上学，晚上回家不敢一个人走夜路；择业时，你问过所有人的意见后才决定自己要从事什么职业；工作中，领导让你执行某个任务时，你总是让某个前辈陪同……不少拖延者都有依赖他人的坏习惯，做事缺乏勇气，害怕独自执行，他们总是选择拖着。事实上，无论是谁，要想做出成绩，乃至获得某个领域的成功，就必须要独立思考、敢于走在人前，因为依赖者只会成为别人的附庸，并且，你是否考虑过，那个被你依赖的人是何感想？

庞晓菲是个美丽的女子，皮肤白皙、婀娜多姿，温文尔雅，但有一点不好，她做事一点主见也没有。对待丈夫言听计从倒很正常，在和我们这些朋友的交往中，她也总是显得很被动，就连周末晚上看什么电影也要询问朋友。

最近，庞晓菲遇到了一件很苦恼的事，她发现丈夫好像有点不对劲，直觉告诉她，丈夫可能有了外遇，她不知道该怎么办，便把好朋友倩倩约了出来。

"我该怎么办啊？"庞晓菲一见到好朋友倩倩就迫不及待地问。

"什么怎么办啊，找他摊牌啊，问清楚情况。"倩倩是个急性子。

"我哪儿敢啊，这么多年来，都是他在挣钱养家。"

"庞晓菲，我真不知道说你什么好，你知道吗？你最大的问题就在这儿。"倩倩脱口而出，她也不知道这样说会不会伤害自己的好朋友。

"什么问题？"

"太过依赖别人了，得了，索性我今天把话说开吧。你知道这么多年以来，你为什么都没什么朋友吗？因为觉得和你在一起挺累的，什么都要问别人的意见，你的时间很充裕，但大家都有工作啊，都得养家糊口。可能你和你老公在相处的过程中也是这样，你们家什么都是他做主，时间一长他觉得累了。可能我说这些话会让你伤心，但作为你的好朋友，我觉得我有必要对你说。"

听完倩倩的一番话，庞晓菲好像被人当头敲了一棒，但她很快反应过来："没事，我知道你是为了我好，也许我是该好好想想，也需要改变一下了。"

从这个案例中，我们看到的是，依赖者缺乏主见，无论是做事还是做人，他们习惯性地听从别人的意见，只能被别人牵着鼻子走，结果让他人产生一种压抑的感觉。

有人说，生活最大的危险不在于别人，而在于自身。不在于自己有没有想法，而在于总是依赖别人。的确，依赖所带来的拖延足以抹杀一个人前进的雄心和勇气，阻止自己用努力去换取成功的快乐。依赖会让自己日复一日地停滞不前，以致一生碌碌无为。过度依赖，会使自己丧失独立的权利，也是给自己挖下的失败陷阱。

我看到过这样一个故事：

有一个叫约翰森的人，他经历过这样一件事：十九岁那年的一个周日早上，有个朋友和他约好一起去钓鱼，约翰森很高兴，因为他还不会钓鱼。

因此，头天晚上，他先收拾好钓鱼需要的所有装备，比如网球鞋、鱼竿等，并且，因为太兴奋，他居然穿着自己刚买的网球鞋就上床了。

第二天一大早，他起床后就时不时地朝窗外看，看看他的朋友有没有开车来接他，但令人沮丧的是，他的朋友完全把这件事忘记了。

约翰森这时并没有爬回床生闷气或是懊恼不已，相反，他认识到这可能就是他一生中学会自立自主的关键时刻。

于是，他跑到离家最近的超市，花掉了所有的积蓄，买了一艘他心仪已久的橡胶救生艇。然后，他将橡胶救生艇充上气，顶在头上，里面放着钓鱼用具，看上去像个原始狩猎人。

随后，他来到了河边，摇着桨，滑入水中，假装自己在启动一艘豪华大油轮。那天，他钓到了一些鱼，又享用了带去的三明治，用军用壶喝了一些果汁。

后来，他回忆这次钓鱼时的情景，他说，那是他一生中最美妙的日子之一。朋友的失约告诉他，凡事要自己去做。

约翰森的故事告诉我们，很多时候，事情并没有你想象的那么难，你只需要勇敢地走出第一步。

对于一些习惯依赖他人者，一旦失去可以依赖的人，就会感到不知所措。如果这种依赖心理得不到及时纠正，发展下去有可能形成依赖型人格障碍，而且因为心存依赖，该做的事就会一直拖下去。

《明天》

如果生命没有期限，
你是否还会向往明天？
因为明天不过是推后一点点，
睡一觉，它又会再出现。

如果总把事情推给明天，

你是否真的就有了悠闲？

想想明天会有太多的不可预见，

你会不会更加焦虑和内卷！

第二部分
拖延症害你有多深

虽然拖延症不是什么病，但是危害却非常大，它能够让你的人生在无声无息中毁掉。拖延症能够浪费时间于无形，因为，拖延就是在浪费生命。而且，拖延具有"传染性"，所及之处，几乎人人都会被"感染"。这不是夸大其词，也不是危言耸听。

第3章　麻烦，只会越拖越大

身体的小毛病拖成了大问题

拖延症不仅会影响前程，也会害人。比如，当身体患有疾病时，切莫"讳疾忌医"，切莫拖延，一定要及时就医，否则，长期拖延下去，小病变大病，不仅花的钱会更多，受到的痛苦也会更多，严重者还会失去生命。

齐桓公可以说是一个典型的"讳疾忌医"的拖延症患者。

扁鹊是战国时期的一位名医，有一次，扁鹊去见齐桓公。

扁鹊见到齐桓公后，站在旁边对他进行了一番观察，然后说："国君您的身体有病了，现在病还在皮肤里，若不赶快医治，病情恐怕将会加重！"

齐桓公听了笑着说："我没有病。"

等扁鹊走了以后，齐桓公对身边的近臣说："这些医生就喜欢通过医治没有病的人来夸耀自己的本领。"

过了10天，扁鹊又去见齐桓公，说："国君您现在的病已经发展到肌肉里，如果不治，恐怕会更加严重。"

齐桓公仍然没有理睬他。扁鹊走了以后，齐桓公非常不高兴。

再过了10天，扁鹊又去见齐桓公，说："国君啊，您的病现在已经转移到肠胃里去了，再不从速医治，后果不堪设想，请国君三思！"

齐桓公仍旧不理睬他。

又过了10天，扁鹊又去朝见齐桓公，当他到了大殿上看到齐桓公的脸色以后，什么话也没说，回身就走。齐桓公觉得很奇怪，于是派使者去问扁鹊。

扁鹊对使者说："病在皮肤里，肌肉里，肠胃里，不论是利用针灸或是服药，都还可以医治，病若是到了骨髓里，那还有什么医治的办法呢？现在国君的病已经深入骨髓，我也无法替他医治了。"

5天以后，齐桓公浑身疼痛，赶忙派人去请扁鹊。可是，扁鹊已经逃到秦国去了。

齐桓公不久就驾崩了。

故事中，齐桓公第一次召见扁鹊的时候，扁鹊说齐桓公的皮肤里有病，用汤药可以医治，但齐桓公觉得自己很健康，不用医治。第二次，扁鹊说齐桓公病入血脉，可以用针灸医治，但齐桓公还是不相信他。直到第四次的时候，扁鹊看到齐桓公后马上就走，齐桓公派人去追问原因，扁鹊说齐桓公的病已经深入骨髓，无药可救了。果然，不出几天齐桓公就死了。

咳嗽、头痛、闹肚子……在有些人眼中，这些症状或许这都算不上是病，甚至会选择"一拖了事"：自己去药店买点药或者在家睡一觉，盼望着身体能扛过去。

可是，很多大病就是这样被"拖"出来的。很多症状持续一段时间仍不见好转，我们就必须提高警惕了。

胃炎也能要人命？是的。曾经，微博上发布了一条关于健康的消息引发网友广泛关注：北京一位名叫的女孩2011年12月16日因急性胃溃疡导致失血性休克而去世，年仅23岁。

下面是方言发布的微博内容（节选）：

在这里见识了太多生死离别，大家真是应该珍惜健康珍惜身边人。12月15日 16:15。

以前喜欢生病，觉得病了有人照顾。现在觉得生病才叫那个悲惨，连假都请不出来。12月15日 13:58。

我这是怎么了？刚刚不觉得胃疼，现在就开始发烧了……12月14日 22:44。

求胃药……疼死了。12月14日 17:20。

我印象中自己有个"铁胃"，现在怎么也会疼到这般死去活来。12月14日 10:43

我有逃避症。12月14日 09:48。

长期睡前洗头导致了我的偏头痛，每天晚上九点后进食，吃完就睡养成了我的胃出血。年芳23，落下一身病。12月14日00:56。

今天因为别人的帮助心情变得舒畅和美好。明天我也要去帮助别人，献给别人我的无私和感激。12月13日21:18

一天到晚这么吃，用我妈的话说，这叫吃光喝光身体健康。不过，我最近觉得身体出问题了。事实证明，吃的少，比较健康。11月19日23:44。

我心情特别不好。据说心情总是不好的人身体是不会好的！！！10月30日19:05。

从2011年10月24日晨起，本人开始减肥。为不影响生活质量和身体健康，早饭和午饭正常吃，禁晚饭。午饭减半。禁晚上九点以后进食，目标是2012年来临之前体重恢复到两位数。10月23日23:08。

人体有自身的节律，长期不按时吃饭或经常性地暴饮暴食，可能会使胃黏膜出现破损。一旦胃黏膜出现破损，到了进食时间胃中仍没有食物，酸性的胃液就会腐蚀自身的细胞，于是形成溃疡。胃溃疡除了会导致严重的出血并发症外，还可能导致穿孔、梗阻，甚至癌变。

人食五谷杂粮，难免要有毛病。有了毛病不要紧，重要的是要早就医，早治疗，才能早痊愈。

任何一种疾病都有一个由轻到重到恢复的过程，这个过程有长有短，发展的速度也有快有慢。快的几秒达疾病高峰（最重），慢的可几天甚至几月。

俗话说"救命如救火"，病与火有相同之处，都是十分紧急的事，早期处理效果好。火在开始燃起的时候是好救的，用不了多少水，损失也小，如早期不救，待火烧大了再去扑灭，不但增加了难度，还要消耗大量的水，同时也会造成巨大损失。

拖到钱花完了才意识到理财还没开始

有些人认为等自己有钱了再去理财，有些人认为等自己衣食无忧的时候再去理财，有些人认为自己什么都不会，等学会了，再去理财。不管是哪一种"拒绝"理财的理由，实际上都是在拖延。

毫不夸张地说，很多年轻人已经在过着"透支（缺钱）和负债"的生活，他们被信用卡拖累得苦不堪言。

很多年轻人之所以会超前消费，是由于自控能力不足，成了所谓"月光族"，甚至还有很多的"日光族"，即刚一发工资就要还上个月的信用卡、花呗等。

更多的情况是，月光族们在花着未来的钱，享受着现在的生活，对于自己的生活缺乏规划，慢慢地就会被这些信用卡之类的给"套"住了整个人生。因为习惯了超前消费，欠的钱就会越来越多，总有一天会超出自己的偿还能力。

中国有句俗话：吃不穷，穿不穷，计划不到一世穷。不管是有钱还是没钱，都应该有一个理财计划。只有学会理财，才能拥有高质量的生活。

人不像动物，只要吃饱了肚子就什么都不管了，今天有食物就吃饱，明天没有食物了就饿着。人要在过好今天的基础上，为明天做好准备。

有些人今天有多少就用多少，明天的事明天再说，也就是所谓的"今朝有酒今朝醉。"其实，这是一种不负责任的人生态度。

虽然现在我们也在提倡超前消费，但是，有些年轻人不管自己的经济状况如何，贷款买房，贷款买车，一下子就使自己的经济陷入困难的境地。后半辈子的生活目标就围绕着如何还贷款了。

财务规划是投资成功的先决条件。对待自己的财产，需要有长远的计划，这样才能使自己的财富不但能保值，而且还可以不断增值。

两年前，李成松家中存款不下10万元，而今却欠外债3~4万元。熟悉他的人都清楚，李成松是因为不善于理财，盲目攀比，才由富变穷的。

8年前，李成松承包了10余亩的大果园，由于市场上果品价格上涨，每年果园的收入均保持在3万元左右，除去支出果园投资和上缴承包金，李成松手中存款已到了10万元。

后来村里兴起了建房热，农户之间互相攀比，有的农户建4间大瓦房，有的农户建5间平房，一家比一家房子盖得讲究排场，一家比一家花的钱多。受村民的影响，住房宽敞的李成松坐不住了，为了显示自家的经济实力，在与妻子商议之后，李成松决定建一座上下8间的两层楼。他请来一位工头进行了预算，工头说大约有10万元足够了。想到自家正好有10万元存款，李成松头脑发热，立即申请地皮，请建筑工程队施工。在他建房的那年，建房所用的石子、沙子、水泥、钢筋等原材料的价格都有不同程度的上涨，两层楼的造价变成了12万元。因为自家只有10万元，缺少的2万元是从亲戚家借来的。

楼房建成后，李成松搬进自己的新居，又发现家中原来的家具根本和新房不配套。为了美观一些，他又从银行贷了1万元，购买了彩电、沙发、床及床上用品。这样，连借带贷，李成松外债达到3万元。本以为好好干上两年就能还债，可连续两年的干旱，李成松的收入仅能维持生活，亲戚及银行屡次上门催款，李成松却无力偿还。虽然住着楼房，李成松和妻子一点也高兴不起来，债务压得他喘不过气来。

有些人之所以由富变穷，其原因是缺乏理财知识，盲目与别人攀比，消费时未考虑到自己的收入情况。本来生活不错，却因理财失误，造成返贫，其教训是十分深刻并值得引以为戒的。

经验告诉我们，理财一定要趁早，不要拖到把钱花完了才开始后悔没及时理财。

"剩男剩女"也是拖出来的

说到拖延，很多人就会立刻想到现在社会上大量存在的"剩男剩女"。剩男剩女这个词，在某种程度上来说，也是拖延症的产物。正所谓：茶，放久了会凉；关系，拖久了会黄。

网上有人按年龄段对"剩客"做过这样的分类：二十四至二十七岁，这样的人是初级"剩客"，因为他们刚刚走上"剩客"的道路，还有勇气为继续寻找自己的另一半而奋斗，可称为"剩斗士"；二十八至三十一岁，这类人是中级"剩客"，称为"必剩客"；三十二至三十六岁为高级"剩客"，尊称为"斗战剩佛"；三十六岁以上的，则可封为"齐天大剩"。

我有一个小姨，一直为她闺女的事发愁。我一直没有听说过这个妹妹有对象，当然，也因为这个妹妹在外地工作，很少回老家，所以大家对她的生活都不太了解，但她的年龄却已经算是"剩女"了。所以，妹妹每次只要是一回家，街坊邻居都会问我小姨她闺女有没有对象。"你说，这人啊，如果长得丑还可以理解。关键是杨佳这姑娘长得白白净净的，又很漂亮，可就是没有个男朋友。"每次听到这样的话，我小姨就无比难受。

可是，每当小姨和我这个妹妹谈起这事的时候，妹妹却总是推三阻四，不是"没有合适的"就是"等以后再说"，让小姨头疼不已。"谁知道这以后究竟是什么时候啊！"小姨嘟哝着说。

每次和老姐妹们打牌的时候，小姨总是念叨着，让给自己家的姑娘介绍个对象，结果这事被她闺女知道了。

"这相亲对象就一定很合适吗？就算是合适，那结婚是不是还要买房子啊？"妹妹连珠炮似地反问，让小姨哑口无言。但小姨冷静下来一想还真是这么一回事，毕竟结婚是孩子自己的事，什么时候遇到合适的人还是她自己说了算。

就这样，我这个妹妹一拖就给拖到了三十一岁，现在周边的邻居也不会主动给她说婚事。"年纪都这么大了，还没有嫁出去，肯定是哪里有毛病，否则早就结婚了。"有些人又有了这样的想法。

像我这个妹妹这样的事在我们身边可以说是屡见不鲜了。我们常说幸福是拖不来的，有些人不是没有找到幸福的机会，只是一拖再拖，幸福就这样悄悄溜走了。

我朋友赵平城是一个很要强的人。他有一个女朋友，两个人恋爱八年，最近却为了结婚的事情经常和女朋友吵架。怎么回事呢？两个人的关系特别好，双方都见过家长了，而且双方父母的印象也都很好，家长们都同意让他们结婚了，然而赵平城自己却老是不同意。

原来女方自己有一套房子，赵平城没有。赵平城就决定等自己买了房子之后再结婚，而且赵平城知道只用自己的工资买房，这事可真是遥遥无期。两个人的年纪现在都奔四了，等买了房之后再结婚真的不知道是何年何月。

男方这样拖下去，女方很可能就会因为等不起而放弃和他在一起。

男方的确很有斗志，但是结婚过日子幸福不幸福，不是仅仅凭着斗志就可以了。幸福，不过就是有个温馨的小家，过着知足乐呵的生活。如果赵平城这样拖延下去，很可能到最后就失去了幸福。

还有一类"剩男剩女"，其实就是一些比较渴望自由的人。他们认为自己拥有很多的资源，独自是比较幸福的，所以，他们就很排斥和其他人共同享受一个空间。尽管总是被自己的亲人朋友念叨着"赶紧找个对象吧"。但是，他们还是坚持一个人，这些人有的就是所谓的"钻石王老五"，也有的是成功人士，他们渴望自由的心或者对不受人约束的向往比找一个人一起过日子的愿望要强烈。

现在的社会，谈恋爱的年龄越来越小了，结婚的年龄却是越来越大了，其实这就是一种典型的拖延幸福的行为。

有的人可能是在刚开始遇人不淑，所以对爱情就不再心怀期待，对于婚姻也丧失期望；又或者是自己一直奔走在相亲的道路上，对于自己现在见到的相亲对象十分不满意，总是想着，下一个人肯定比这个要好，所以一拖再拖，直到自己的年龄慢慢变大；也有可能是自己的眼光很高，"高不成低不就"，自己的事业已经步入正常的轨道，感觉什么样的人都入不了自己的眼，即便是自己看上了对方，稍微有点不好，就感觉自己受了委屈，最后还是不喜欢。所以，"剩男剩女"是拖出来的，而拖到了最后，很可能是随便找一个人结束自己的单身生活。

第4章　时间，是这样浪费的

越拖延，越颓废

初入职场的年轻人身上往往有一股逼人的朝气，他们不管做什么事都很有干劲，然而在一些职场老人看来，这些朝气不过是"三分钟热度"。职场老人这样告诫年轻人："等你在职场混久了，就不会这么有激情了。"等到这些年轻人逐渐变成了职场"老人"，他们发现，这些"老人"说的话真的很对。

的确，很多人早已从最初的脚踏实地慢慢变得精明，而后又从精明慢慢学会了拖延，逐渐向颓废过度。

很多人常常说"岁月是把杀猪刀"。记得我的大学同学陈孝成偶尔会这样感慨几句。陈孝成大学毕业后就投身广告业。现在的他，作为公司设计这一块的负责人，对自己这十几年的变化感慨颇多。

想当年，陈孝成刚毕业，就找到了一份心仪的工作。当时的他自然是意气风发，确信自己能够在公司里大展拳脚。尤其是看到自己亲手做的设计方案一一被采用的时候，陈孝成内心充满了激动和骄傲。此后的一段时间里，无论陈孝成接到什么样的工作，他都会在第一时间完成，即便影响休息和娱乐也在所不惜。然而现在，一切都不一样了，刚毕业时的那股朝气早不见了。即便是最紧迫的项目，他也是能往后拖就往后拖。

为此，陈孝成不禁自问，自己刚到公司时的那股朝气都去哪儿了呢？一次我们大学同学聚会时，陈孝成对我发了一通牢骚："我现在的事业可以说是一帆风顺，但是总找不到以前咱们在学校时候的那种感觉。你说咱们上大学的时候，是多么意气风发，圣诞节的时候，摆个地摊，卖个苹果，虽然卖的还没吃的多，但是那时候的感觉特别好。"

"是啊，现在咱们的工作状态和刚参加工作时的状态差别实在是太大了。"他的话引起了很多同学的共鸣，大家纷纷附和着，感慨着自己思想的转变。

"刚开始的时候，总想着用自己的激情去改变整个世界，没想到工作几年，就被这个世界给改变了。"

"现在我对紧急的工作就做做，不着急的能拖就拖，反正到最后一定会找到解决办法的，慢慢地人都变得越来越颓废了。"

其实，像陈孝成这样的感触很多人都有。随着年龄的增长，无论是生活还是工作，我们都逐渐失去了激情，没有了继续拼搏的动力。做事的时候拖拖拉拉，思考问题的时候懒懒散散，这样的状态长期持续下去，人就变得越来越颓废。

面对这样的状况，有时候我们会感觉很难过，看看懒散的自己，再看着刚刚进入公司充满朝气的年轻人，感觉自己已经跟不上时代了。

因此不禁自问，以前那么阳光有朝气的自己到哪儿去了呢？

是啊，人的朝气去哪里了呢？答案就是被拖延给磨光了。少年时、青年时，我们面对的是紧张的学业，是师长的督促，是同代人的竞争，在这种情况下，每个人争分夺秒，恨不得把一刻钟当两刻钟来用。但是，毕业之后走入社会，需要我们自己来掌控自己的人生，安排自己的工作，生活中没有明显的竞争，人的紧迫感也就慢慢消失了，拖延开始变成生活中的常态，于是朝气就这样一点一滴地丧失了。

紧迫感的丧失来自拖延，而拖延久了就染上了拖延症，一个得了拖延症的人，对于生活的态度便成了能拖一刻是一刻，只求这一刻无事轻松，哪管下一刻十万火急。然而，下一刻还是会到来的，就在这不断的"十万火急"当中，人生走向一次次的失败。因为失败，便更加懒散，对待生活更加拖延，拖延和懒散形成了一个恶性循环，而这个恶性循环的最终结果就是内心彻底崩溃，整个人陷入一种颓废的状态当中。

颓废是一种怎样的状态呢？就是对所有的事情都感觉浑浑噩噩，没有想要了解新生事物的兴趣，总是认为"有什么事也不用着急"。

对于自己的工作，总是拖到最后一刻才慢悠悠地去做，没有丝毫自控的能力，当然也不会采取任何的措施来进行自控。

处在颓废中的上班族往往会被同事称作患上了"更年期综合征",而处于颓废中的人生,则是一个彻头彻尾没有意义的人生。在这样的人生当中,逃避困难、不肯面对挑战、被动地安于现状成了生活的主题,放弃、逃避成了生活的选择。这样的生活,难道是我们想要的吗?

没有人希望自己的人生毫无意义,谁也不想成为混吃等死度日的蛀虫,但只有当你摆脱了拖延症,才能够结束这一切,重新迎来朝气蓬勃的人生。

犹豫会让很多人后悔不已

生活中,我们经常要面临两难的抉择,尤其是在现今这个信息多又乱的时代,想要作出正确的抉择更不是一件易事,这就需要我们具备出色的判断能力。然而,一些人因为害怕作出错误的决策而左右迟疑、当断不断、不愿采取行动,由此为自己带来很多困扰。

俗话说:鱼和熊掌不可兼得。要想有番成就,在机会来临的时候就必须抓住,有舍有取,果断作出选择,然后再积极地行动。

找工作的时候,摆在你跟前的是一家很好的公司,福利待遇好,发展的空间也比较大,这时或许你会犹豫,想着会不会还有比这更好的公司呢?犹豫半天,最后机会被别人抢去了;当你和客户谈合作案的时候,或许客户提出的条件比较严苛，所以你犹豫不决，迟迟不肯签合同，最后被别的公司捷足先登，拉走了订单；当你逛商场的时候，看到一件漂亮的衣服，尺码大小也合适，但是觉得价格太贵，犹豫不决，想再去别家看看，等再回到这家店时衣服已经被别人买走了；当你面对升职加薪的机会时，因为担心别人比自己强，迟迟不肯毛遂自荐，结果被别人抢占了先机。

这些机会明明就摆在你面前，而你明知道那是机会，但就是犹豫着迟迟不肯作出决定，到最后只能眼睁睁地看着它被别人抢走。

很多人不认同这样的观点，他们认为遇到困难时就应该深思熟虑，因为犹豫是谨慎的表现，能够降低失败的风险，想到什么就去做什么是"莽撞"的行为。事实上，有些奇思妙想也是在某一瞬间从头脑中跃出的，经过所谓的"深思熟虑"后，反而会让原本最具价值的部分被自我"经验"过滤掉。最终，虽然变得更加安全，却也错失了超越自我的机会。正确的做法应该是：想到了就去做。如果你在具体实施的过程中发现规划有问题，就去修正它。不要认为这样会浪费时间，因为实践过程中发现的问题比"深思熟虑"想出来的问题更实在，更具备操作性和可行性。

梁工程师和张工程师在一个部门工作，两人技术实力相当，在工作中经常暗中竞争。这次，他们同时竞争项目总工程师的职位。

一次实地考察中，梁工发现企业的机器设备存在一个重要的技术漏洞，而要修补这个技术漏洞，全公司上下只有自己和张工的技术可以做到。而此时张工却并没注意到这个问题。梁工非常高兴，决定要凭自己的能力解决这个问题，为自己的竞岗赢得优势。

于是，梁工每天加班加点，一个人研究解决方案，既不敢让其他人知道，又要保证方案公布后一定要完美无缺。就这样过了一个月，正当梁工小有突破的时候，传来消息说张工刚刚发现了这个技术漏洞，并在第一时间汇报给了总部。总部已经指定由张工负责解决这个问题，并为此专门成立了技术小组，由张工做组长。

在技术小组的努力下，不到一周的时间这个漏洞就被修补好了，而梁工的研究成果根本没有机会公布。梁工为此后悔不已。

梁工程师的失误就在于犹豫不决，最终使自己丧失了机会。应该说，梁工程师能够独立完成研究并取得突破，他的技术实力也许是在张工之上的。但是，一个人的力量始终敌不过团队的力量，张工带领的小组最终还是超越了他。归其原因，在于梁工犹豫不决，一心想要在自己完成了解决方案后再公布，如果他能够果断地采取行动，及时地向总部汇报，那么，他就是这个项目的负责人了。

许多人都有过于谨慎的习惯。因为犹豫而错过了好的工作机会，错过了一个好的客户，更严重的是错过可以改变自己一生、使自己变得更好的良机。实际上，这些人都是缺乏意志力的弱者。因为马上去做要面临失败的危险，而犹豫可以给自己一个合理地退缩的借口。

犹豫的习惯不仅会使我们错失良机，还可能会摧毁人的创造力。其实，过分的谨慎与缺乏自信是低效能人士的最大特点。人们在有热情的时候做一件事，与在热情消失以后做一件事，其中的难易苦乐会相差很大。趁着热情最高的时候，做事情往往是一种乐趣，也是比较容易的；但在热情消失之后，再去做那件事，往往是一种痛苦，也不容易办成。

徘徊观望是拖延的好帮手，却是成功的大敌。许多人都因为对已经来到面前的机会没有信心，而在犹豫之间，把它轻轻放过了。机会难再，这话是对的，因为即使它肯再来，会再次光临你的门前，假如你仍没有改掉徘徊瞻顾的毛病，它还是照样溜走的。做事过于谨慎其实是拖延的一种表现。喜欢拖延的人总是有许多借口，比如工作太无聊、太辛苦，工作环境不好、老板的要求不合理，等等。

拖延是一种无所谓的耽搁

如果一场电影你迟到五分钟，那么，你将会错过一个十分精彩的开场白；寒冷的冬天你睡在温暖的被窝里迟迟不想起床的时候，那些成功人士正坐在电脑旁兢兢业业地工作；你已安排好今天的行程，而朋友打电话来邀你逛街喝咖啡，你明知今日事今日做，最后却抵不过诱惑想着明天再做也可以。你拖延越久，就会被时间落下越久。当你拖延的时候，时间并没有因为你而停下它忙碌的脚步。"明日复明日，明日何其多"。人的一生中又能够有多少个明日呢？所以，在时间面前千万要守时，它可不会耐着性子等。

你知道现在是几点吗？此时可不是你逛街喝下午茶的时间，而是你完成手头工作的最后期限。其实，我们很容易被自己主观上的时间所欺骗，它不是手表上的时间，而是我们此时此刻正在拖延的时间。

工作这件事，平时看它就像一条射线，只有开始没有结束，规律使然。可心烦时，怎么看它都觉得像夏日里的苍蝇，"嗡嗡嗡"地没完没了。小丽，此刻正坐在办公室里愁眉苦脸愣着神。她刚刚煞费苦心地结束了一个项目方案，得到了老板跟客户的一致好评，本想再多"飘飘然"几天，可新任务马上又来了，顿时熄灭了她心里那点儿快乐的小火花。

"好烦啊！怎么没完没了？不能让我喘口气吗？"小丽牢骚满腹。

"做完了这个，肯定还有'加班'的，反正不会有闲着的时候。"小丽在加强心理暗示。

"没人心疼我，我还心疼自己呢！半个月肯定能搞定这个任务，不用着急，先放松放松再说！"小丽做出了终极决定。

小丽觉得有一周的时间就完全够用了。毕竟，做创意方案这种事是不能够着急的，真正把方案写在纸上，有半天时间就足够用了，下笔前的苦思冥想才是最关键的，那才是黎明前最黑暗的时刻。现在，最重要的是找灵感，可灵感是在放松的时候才更容易产生啊！

等到她为自己的拖延找足了借口，大半天时间过去了。小丽多希望时间能走得慢一点儿，可这家伙铁面无私，毫不留情。

吃过午饭后，小丽觉得有点儿困，难得清闲，睡会儿吧！睁开惺忪的睡眼一看，已经一点半了。她决定先看看项目资料，消化一下，好让心里有个大概印象。对小丽来说，她最喜欢干的就是这样的活儿，不用太费脑子，悠闲地喝一杯绿茶，享受着阳光，实在太美好了！况且，这点活儿很快就干完了，根本用不了多长时间。想到这里，小丽的心顿时雀跃了，还有点久违的小激动。其实，喜欢拖延的人都这样：做事时不是先拣最重要的做，而是拣最容易的做，总把重要的事放到最后。

她想得挺好的，可计划赶不上变化。下午，部门临时决定开会，这一开竟然就是两个多小时！临近下班，小丽的资料也没看完。"算了，不是还有晚上吗？带回家好了！"小丽收拾好东西，带着资料，走出了公司大门。

晚上，在电视、电脑面前，小丽自以为强大的意志瞬间就崩塌了。一转眼就到了夜里12点，资料只在临睡前翻了两页，她想："不是还有明天吗？"这一天，就这么稀里糊涂地过去了。熟睡的她可能并未察觉，一个可怕的、难以摆脱的恶魔——拖延症，已经悄悄盯上了她。

歌手兼演员迪恩·马丁在歌曲《明天》中完美地诠释了"稍后思维"的精髓。在这首歌中，马丁唱到了一扇破损的窗户、一个滴水的水龙头以及其他拖延的后果。他反复唱着一句歌词："明天马上就到。"词作者非常了解拖延思维产生的效果：既然"将来做"总是更合适，于是"现在"就不着急做。

明天，是拖延者给自己的心理安慰。他们习惯性地把今天要解决的事拖到明天，希望明天一切都会好转。如果说一件事不存在期限的话，那么拖延自然是再美好不过的事情，因为总会有明天。可大多数情况下，一件事，就跟牛奶、咖啡有保质期是一样的，你根本不敢错过这个期限，当然也不能去错过这个期限，只要这一刻拖延了，下一刻你就得用别的方法补回来。

第5章 拖延是一种"病"

习惯性拖延会变成"拖延症"

拖延虽然不是什么大事,甚至身边人也能理解,但久而久之,它对我们的危害就没办法弥补。所以,对于拖延这种会让人上瘾的习惯,我们应该去改变它、战胜它。

我们都很清楚,一旦自己陷入拖延的陷阱,就很难自拔,因为每次努力摆脱都会让我们感到痛苦。可是,这种痛苦却远比最终无法改变的结果要好得多。

我有一个妹妹,叫小南。她大学毕业没多久,现在是个上班族。因为从小到大一直生活在家里,从来没做过饭。所以,自理能力很差。现在的她还是不怎么做饭,家里储存了很多零食,以备不时之需。这天是周六,她收拾橱柜的时候发现以前买的东西都放坏了,就想着收拾收拾拿出去扔了,结果事一多,就给忘了。第二天她想起来,就想等到吃完晚饭下楼散步时带出去。可晚饭后她接着看电视剧，没有下楼，快睡觉的时候才想起来橱柜里坏的食物没有扔掉，但这时候她已经不想收拾了。就这样，直到下个周末再次想起来去扔的时候，橱柜里已经一片狼藉了：橱柜里满是虫子。最后，小南不得不花了一天的时间打扫橱柜。

扔个垃圾而已，每次都想着，这次忘了，下次再说吧。但是，总是下次又等下一次，直至垃圾成灾。做事情也是这样的道理，什么事情都不能拖延，事情拖得越久，麻烦往往会越大。

有人说"拖延等于死亡"，很多人认为这是危言耸听，其实不然。

我发小小伟最近感到自己的胸口有点疼，但是他自己毫不在意。我们都建议他去医院检查一下，他拖着不去，还说："最近没时间去医院，我本来就很懒啊。"

两个月之后，小伟疼得实在拖不下去了，才去医院做检查。检查结果是胸腔积水，这时候他才意识到自己这次真的摊上大事了。

医生告诉他，如果早来医院，吃点消炎药、打几瓶点滴就可以痊愈了。

现在病情严重了，需要手术治疗，如果再拖下去的话，可能就出人命了。

刚开始的时候不过是一个小毛病，拖一拖也没什么关系。但是等自己疼得没有办法忍受了，再去医院检查的时候，就会后悔没有早点来医院。也许这一次你的生命健康没有什么大碍，只能算你幸运。可拖延成习惯，以后还能这么幸运吗？

大卫是火车后厢的刹车员，人特别机灵，对谁都是乐呵呵的，乘客和一起工作的同事都喜欢他。

一天晚上，一场突降的暴风雪使得火车晚点，这就意味着大卫需要加班了。和平时一样，他的嘴里开始不停地嘟哝："这个鬼天气，还让不让人活了，真是的，烦死人了！"他一边小声嘀咕，一边想着如何能够逃开这次加班。

屋漏偏逢连夜雨，因为这一场突来的暴风雪，一辆快速列车不得不改变原来的路线，几分钟之后就要到大卫所在的轨道上了。列车长接到通知之后马上给大卫发出了指令，让他拿着红灯到后车厢去。做过多年的刹车员，大卫知道这件事情的严重性，可他想到的是，后车厢还有一名工程师和刹车员，也就没有太着急。他还笑着和列车长说："老兄，不用这么着急，后面有人守着呢，我拿件外套就马上过去。"列车长很严肃地告诉他："人命关天，一分钟都不能等。那列火车马上就要进站了！"

大卫看到列车长这么严肃的样子，于是也很严肃地说："我知道了！"

列车长听到答复之后，就匆匆忙忙地往发动机房跑去了。

大卫平时已经习惯了做事拖拖拉拉，以此来消磨无聊的加班时间，这一次也不例外。他想，后车厢还有人呢，安全着呢，没有列车长说得那么严重。他习惯性地喝了几口小酒，驱走身上的寒气，然后才吹着口哨慢慢悠悠地向后车厢走去。等到他快要靠近后车厢的时候，突然想起来这时候的后车厢是没有人的，因为在半个小时之前列车长已经把人调到前面的车厢去处理事情了。

大卫慌了，快步跑过去，但是已经太晚了。那辆快速列车的车头撞上了前面的火车，紧接着传来巨大的声响和乘客的呼叫声。

大卫习惯性的拖延带来了不可忽视的巨大后果。看似只不过是不起眼的、小小的拖延症而已，和那些严重的问题距离远着呢。但其实不然，每一个细微的环节都和生命有关系。

心理学上说："习惯会变成无意识的大脑运作过程。"如果拖延的时间一长，那么，大脑就会长时间地保持并记住这个状态，逐渐地将拖延变成一种习惯。当在面对需要及时解决的问题时，也会拖延不做。这就像是在滚雪球，滚得时间越长，球就会越大，而麻烦也将会越大，直至你已无力解决，可惜悔之晚矣。

拖延会让你更加焦虑

心理学家和社会学家经过研究证明，拖延症患者的品性中多包含担忧、焦虑和抑郁的情绪。因为拖延，他们在生活和工作中频频遭遇挫折，由此导致他们的内心经常处于煎熬中。这种煎熬让他们不堪重负，于是，他们就借助拖延来转移注意力，以求得一时的身心解脱。但是事与愿违，拖延不但不会将他们从这种煎熬中解救出来，还会加重焦虑、担忧和抑郁情绪。这样一来，他们就陷入了一个封闭式的恶性循环中。

小陈是个很聪明的人，能力也很强，总是自称为天才。但在我眼中，觉得他是一个严重的拖延症患者。我也这样告诉过他，而他则自称是一个"高效拖延症患者"，他承认自己拖延，但他又非常得意于自己的"高效"。不管什么事情交给他，他从来都不立即去做，一定要拖到最后一刻，但是往往又能凭借自己过人的"能力"，在最后时刻力挽狂澜，完成任务，因此他常常引以为傲，而且还会嘲笑别人效率低下。

有一次，老板让他在三天内出一份策划案。他接到任务后并不着急，和平时一样，找我们聊聊天、中午睡睡觉、喝喝下午茶。大家都为他着急："就三天时间，即使现在就行动，也得加班加点才能完成，你还在等什么呢？"他一脸无所谓的表情："没事，时间还早，一个策划案而已，用不了那么久，我的做事效率你们又不是没领教过。"

前面两天就这么过去了，到了第三天，他终于开始准备了。他早早地来到公司，先是优哉游哉地去厕所方便一下，再倒上一壶茶，然后坐在办公桌前定了定神，煞有介事地做了几个深呼吸，等准备工作都做好了，心也静下来了，他把电脑打开，资料也摊开，准备"大干一场"。

就在他准备上网收集资料的时候，却发现电脑连不上网络。检查了网线线路等没有问题，应该是公司的网络断了。但是因为还没到上班时间，技术部的同事还没来，没办法，他只能整理整理思路，先在脑子里面构思构思，等解决了网络问题再开始着手收集资料。

由于前两天压根儿没有做好准备，他很难凭空想出一个清晰的方案，直到上班时间他的脑子里还是一片混沌。等网络部的同事修好网络，已经过去了两个小时，这期间他一点进展也没有。

67

时间一点一点过去，距离下午提案的时间越来越近，他的压力也越来越大。他不再像之前那么淡定了，开始坐立不安，不断责备自己，找资料也心神不宁，越急越静不下心来。他像热锅上的蚂蚁，都不知道自己在做什么，一会儿胡乱点鼠标，一会儿随手翻翻资料，心跳得都到嗓子眼了。

距离提案还剩最后两个小时，他放弃了努力，直接从电脑里把之前做过的一些策划案调出来，根据这些模板东拼西凑弄出了一个方案，然后交给领导应付了事。上交之后，他长舒一口气，终于在最后关头完成了任务，而且这样重压之下的突然轻松让他产生一种快感，就像酷热的夏天突然喝到一瓶冰镇汽水一样。

仅仅用了两个小时加工出来的"快餐品"，乍一看还像那么回事，毕竟借鉴的是其他项目，所以结构上还算完整。但是如果仔细一看，整个方案模棱两可，全是信息堆积，根本没有具体的数据、深入的分析和可行的计划，让人看得完全是一头雾水。

结果可想而知，领导狠狠地批评了他，还当众表示怀疑他的工作能力，这让小陈再度陷入自责和不安中。

有计划的行动者是很难因为学习和工作陷入焦虑之中的，他们循序渐进地追逐目标，一切都是水到渠成。那些习惯拖延的人，才会被焦虑紧紧盯上。

苏婷是一家公司设计部的设计人员，主要负责室内高级装饰设计。一直以来，设计工作都充满压力，客户的要求越来越高，越来越苛刻。这让苏婷备感压力，觉得自己的身体越来越差，晚上失眠的次数越来越频繁，而早上又经常爬不起来。一天到晚头昏脑涨，注意力很难集中。

上周苏婷接手一个新设计任务，星期六早上她一起床就开始琢磨这件事，她边吃早饭边琢磨。吃过早饭，简单收拾一下，她便打开电脑想寻找一下设计灵感。她打开网页，浏览了一下知名设计师的作品集。这时，她忽然想到新上映的一部电影，据说布景很有创意，格调也与众不同，可能有些参考价值。于是她找到了那部电影看了起来。

这部电影的布景确实有些不同，格调也有所创新，但似乎对自己的设计没有什么参考价值。苏婷看着、想着。她感觉头脑有些昏沉，有多个声音同时响起："还是赶紧关了它，去干活吧！这种电影有什么可以借鉴的？""我看它，是希望能从这里面受到启发，找到灵感，可不是单纯为了欣赏。""这样的背景有什么与众不同？还不是没有什么差别。""不，我觉得还是有些不一样的地方，不过似乎对我的设计没什么作用。"

苏婷变得焦虑起来，她担心自己做不好这个设计。她希望从别的事物中受到启发，寻找到灵感，但是，她又发现她的想法有些不切实际，就好像她现在无法从正在看的这部电影里面受到任何启发一样。既然不能从这里寻找到任何灵感，那么就应该去别的地方寻找，可去哪里寻找呢？想到这儿，她觉得头更加昏沉，但是她知道不能给自己太大的压力，怕头昏沉得更厉害。最后，她决定关掉电脑，去卧室睡上一觉。

醒来后，苏婷觉得头似乎不那么昏沉了，但还是浑身不舒服，于是，她决定去咨询一下医生。经过一番检查过后，医生告诉苏婷是因为压力过大、作息不规律导致了身体部分功能紊乱、轻度抑郁症。医生给她开了一些缓解精神压力的药，并嘱咐苏婷要放松心情，不要太紧张，生活作息、饮食要规律。

苏婷遵医嘱按时服了药，但心里还是放不下那个设计任务。她强迫自己暂时不去想它，但就是做不到，可是又无法专心投入，总是在拖延和自责中纠结。这样她的身体状况越来越差，对工作也感到越来越难以应对。

焦虑是一种来自内心的不安或恐慌，是人遇到外来压力或者挑战时出现的一种正常的情绪反应。它通常与精神以及未知的、可能产生的威胁或危险相联系，主观表现为感到紧张、痛苦以至于难以自制，严重时会伴有神经性功能障碍。

从本质上看，拖延是人们对抗焦虑状态的某种心理反应。焦虑大多数发生在一项任务开始的时候，当个人对这项任务有某种抵触情绪或者自我感觉不能顺利完成该项任务时，就会产生焦虑。事例中苏婷的反应就是一种焦虑。

医学研究表明，当人受到压力时，自主神经系统会在大脑的调解下释放出应激激素皮质醇和肾上腺素。而当压力消失时，自主神经系统会恢复到平衡状态。但是，如果人受到的压力过大，或者持续时间过长，那么，应激激素就会很快消失，无法再对身体起保护作用。这样压力就会损害身体健康，使血糖升高，并影响睡眠，同时，会限制身体正常发挥自我修复能力，进而侵害身体的免疫系统。随之而来的就是焦虑、抑郁症等精神类疾病的出现。

拖延足以坏了你的大事

拖延是一个很神奇的东西,它能够卸掉你身上一切积极的"配件"。当你想开足马力,勇往直前时,拖延会在内心告诉你:这么多事情,今天怎么能做完,明天再做吧。如果你听从拖延的建议,你将会发现,你距离成功越来越远。

下面列举拖延症的五大危害,让你看明白拖延症是如何让一个高效能人士变得平庸,又如何让一个平庸之辈变得低效能的。

危害一:怀疑自己。

拖延症会蚕食一个人的自信心,第一次拖延5分钟,第二次拖延10分钟……渐渐地,不能按时完成任务,然后,陷入不断被批评、不断被贬低,从而不得不接受自己能力低下的困境。

当所有人都说你不行时,你就会开始相信大家、开始怀疑自己,并变得越来越不自信,导致工作状态越来越差、效率越来越低,最终沦为平庸之辈。

危害二:精神萎靡。

精神萎靡不振,根源就在于一个"懒"字。通过仔细观察,就会发现身边有很多懒惰的人,这些人对待生活和工作消极懈怠、得过且过。

懒惰的人好逸恶劳，缺少动力，没有远大的抱负，所以，在工作中积极不起来。

很多人都有惰性，那些拼命工作的人，有些是工作狂，有些是被逼的，还有的是家境殷实，努力赚钱对他没有任何吸引力。

危害三：无法实现想法。

你的想法、目标、梦想、计划……一切都会因为拖延而无法实现。很多人在拖延症恶化之前，都是拥有志向、目标的人，然而，拖延症给他们带来了毁灭性的打击。计划好的事情无法完成，曾经的梦想无法实现，一次次的失落带来的是精神方面的摧残，继而引发其他"并发症"：失去信心，消极懈怠，情绪低落。

危害四：变得自我。

如果你不是重度拖延症患者，一般来说不会对所有事都拖延，因为大部分人对自己喜欢的事从不拖延。举个简单的例子，如果你特别喜欢一个女孩，处于看到她就发狂的状态，那么，肯定会付诸行动。

这个举例也许不恰当，但道理都是一样的。比如你喜欢踢足球，有时间的话一定会去踢上两场；你喜欢玩电子游戏，估计工作再忙晚上也想玩一玩。

然而，面对不喜欢的事，你的态度就不同了，你会开始拖延，并不时地找借口。而结果就是你会越来越自我，并缺少责任感，进而让人讨厌。

危害五：情绪失常。

由于拖延导致工作效率低下，于是开始出现焦虑、恐慌情绪，自我否定、贬低，甚至出现厌世情绪。

国外有研究发现高达95%的大学生都会有意推迟学业任务，70%的大学生有经常性拖延学业的行为。

心理学家认为，拖延行为是人们对抗焦虑的一种方法。当一个人要作出决定或开始一项任务时，就会出现焦虑、恐惧等情绪，情绪失常就影响了效率。

《昨天》

当星星已挂在天边，
感慨阳光即将属于昨天，
如果你不是一直拖延，
时间也许会过得慢一点。

当我凝视孩子的脸，
惊叹这流年似闪电，
留下的是瞬间，
划走的是永远……

第三部分
如何告别拖延症

传说五台山上有一种鸟，长着四只脚和一对翅膀，人们叫它"寒号鸟"。春天，百花盛开，寒号鸟身上长满了羽毛。寒号鸟懒得动，也不去找食物，饿了吃树叶，渴了喝露水。春、夏、秋三季就这么过去了！

冬天来了，天气冷极了，小鸟们都回到自己温暖的巢里。这时的寒号鸟，身上漂亮的羽毛都脱落了。夜间，它躲在石缝里，冻得浑身直哆嗦，它不停地叫着："好冷啊，好冷啊，等到天亮了就造个窝啊！"

等到天亮后，太阳出来了，温暖的阳光一照，寒号鸟又忘记了夜晚的寒冷，于是它又不停地唱着："得过且过！得过且过！太阳下面暖和！太阳下面暖和！"

寒号鸟就这样一天天地混着，过一天是一天，一直没能给自己造个更好的窝。最后，它没能混过寒冷的冬天，冻死在岩石缝里了。

现实生活中，有些人只顾眼前，得过且过。他们行动拖拖拉拉，做事情喜欢推诿，总是拖一天算一天，跟寒号鸟没有多大区别。他们把一切行动拖延到明天、后天……这样一直拖下去，最后的结果可想而知。可是，我们每个人或多或少地都存在着拖延的坏习惯。对任何一个人来讲，拖延都是最具破坏性、最具危险性的恶习，因为它使你丧失了主动的进取心。而更为可怕的是，拖延的恶习具有积累性，那么，我们如何摆脱这一恶习呢？

接下来的5个章节，将详细阐述战胜拖延的一些方法，以及为了摆脱拖延，我们需要培养的一些好习惯。

第6章　目标清晰，明确方向

用明确的目标来打破行动上的"迷茫"

清晰的目标可以指导我们通过调整自己的想法和行为，在生活中取得进展；我们的心境也会随之发生改变，变得更加自信，压力感更低，拖延行为不断减少。重新获得生活的意义与目的会让我们充满生机和活力，体验到实现目标的乐趣，感到每天都在不断进步，不再陷入犹豫与迷茫之中。

比塞尔是一个位于撒哈拉大沙漠腹地的村庄，它像一块绿宝石般镶嵌在漫漫黄沙之中。这里独特的景观和风土人情，每年吸引着数以万计的游客来到这里，但是谁能想到，这里从前是一个无人问津的地方。那时，外面的人走不进来，里面的人也无法走出去，一代又一代，比塞尔人尝试过很多走出去的办法，可都失败了。于是，他们以为自己是被什么妖怪施了魔咒。

后来英国皇家学院院士肯·莱文打破了这个千年"魔咒"。他凭借着指南针，仅仅用了三天半的时间就走出了村子周围的沙漠，用自身行动否定了村里人"无论你怎么走，都会回到原地"这一千年古训。

可是，比塞尔人为什么就走不出去呢？肯·莱文对此感到很奇怪，决定弄个明白。于是，他雇佣村里的一名叫阿古特儿的小伙子给他带路，结果走了10天后，在第11天的时候，他们果然又回到了原来的出发地——比塞尔。但这一次肯·莱文却明白了比塞尔人走不出大漠的原因，原来不是魔鬼在作怪，而是因为他们根本就不知道前进的方向在哪里，连天上可以用来指引方向的北斗星也不认识。在四野茫茫的大漠里，一个人如果只凭着感觉往前走的话，他所走过的道路一定是许多个大小不一的圆圈，形象地说，看起来就像是布满一圈圈纹路的贝壳。关键的一点是，村子周围方圆千里尽是无边的黄沙，并无特殊的地形和建筑来作为前进的标志，要想走出去，简直就是天方夜谭。

在离开之前，肯·莱文把他的发现告诉了那位青年——阿古特儿，叮嘱他如果想走出沙漠的话，就白天睡觉，夜晚走路，而且一直朝着北面那颗星星指引的方向走。

年轻的阿古特儿听从了肯·莱文的教导，徒步走了四天之后，一片绿洲出现在了他的面前，远处还有他从未见过的连绵起伏的山峦。他知道他走出了沙漠，来到了祖祖辈辈梦寐以求的大漠边缘，于是他激动地发出了呼喊："啊，我们的新生活从此开始了！"

这个事例告诉我们，要想让事情取得进展，一定要有明确的目标和正确的方向，否则只会原地踏步，一筹莫展。明确的目标能使你看清使命，产生动力。目标明确了，对自己心目中喜欢的事物便有一幅清晰的图画，你就会集中精力和资源在你所选定的方向和目标上，你也会因此更加关注于你的目标。

目标对目前的工作具有引导作用。也就是说，现在所做的，必须是实现未来目标的一部分，只有这样，你才能重视现在，把握现在。那么，我们该如何树立正确的目标呢？以下几点经验可供参考：

1. 要全面衡量。

设立目标，是走向成功的重大起步，必须要配合行动计划作充分的思考，舍得花时间，因为目标是你行动的指南。否则，你就会走错路，做无用功，浪费你宝贵的时间和生命。因此，你不能在设立目标时草率行事。设定目标，要在自己的阅历与社会环境等方面反复琢磨，论证比较，仔细推敲，一定要把它作为人生最重要的事情来做，切勿草率，否则会害了自己。

2. 目标要有挑战性，可行性。

有心理学家通过实验证明，太难或太容易的事，都不容易激起人的兴趣和热情，只有具备一定的挑战性，才会使人有冲动的激情。中短期的目标是现实行动的指南，如果大大地低于自己的实际水平，一来根本不能发挥自己的能力，二来没有人愿意去做，即使勉强地做，也不会有很好的成绩，说不定还不如普通人做得好。但是反过来，如果要做的事要求太高，远远超过了自己的能力，不能在一段时间内显现出成效，也会大大挫伤积极性。所以，适度掌握便是一个关键，情况因人而异，个人经验、素质水平和现实环境是决定你实现中短期目标的依据。

3. 中短期目标要有明确性，限时性。

中短期目标，或者三五年，或者一二年，有的甚至可以短至几个月。这种短期目标，如果不够明确、不够具体的话，那就等于没有任何目标。只有具体、明确而有时限的目标才具有行动指导的激励价值。你强迫自己在一定时限内完成一定的任务，就会集中精力，激发潜能，调动自己和他人的积极性，为实现目标而奋斗。否则的话，整日只是懒懒散散地去做一些工作，将一个月完成的事拖到两个月后完成，或者想的只是完成就行，时间无所谓，那么，永远谈不上成功。

4. 目标需要做必要的调整。

不管是长期目标，还是中短期目标，你把它们设立起来，是为了指导并规划自己走向成功。所以，如果你设立的目标已经不太符合实际情况，就必须迅速做出调整和修改，千万不能将自己定出的目标作为一成不变的教条，以僵化保守的心态来对待。因此，要定期对目标进行检查校正，并对你制定的各种目标做出一些必要的调整修改。情况总是在不断地变化，当时制定的目标是在当时的环境条件下形成的，如果环境已经发生了改变，难道你还能死板地固守在同一个目标上吗？如果你始终僵化保守，你就很难发挥潜能，很难利用环境走向成功。

人若没有目标，就失去了斗志，更会失去约束自我的自律能力。生活中，谁都难免会受到各种事物的干扰，谁也无法阻止外在环境的变化。如果内心没有一个坚定而明确的目标，就很难保持一种自律的状态。相反，如果给自己树立了一个坚定而且明确的目标的话，不论它是大还是小，是容易或是困难，至少可以让自己把那些分散的力量集中到这个目标上，有了专注的焦点，就不会松松散散，就不会轻易找借口拖延，更不会任由自己浑浑噩噩、拖拖拉拉。

用小目标来积攒持续行动的信心

把大目标拆解成容易上手的小目标，是为了让下一步行动变得相对简单，从而减少拖延的可能性。

目标的实现是一个循序渐进的过程，需要从现在到未来，从低级到高级，从小目标到大目标，逐层推进。

清晰明确的实施计划是实现目标的前提。如果已经制订好了长远目标，就要将这个长远目标量化，也就是将其拆分成各个合理的小目标，然后努力实现各个小目标，最终达到实现长远目标的目的。

目标的分解事关长远目标能否顺利实现，并非想象中的那么简单，这里面有很深的学问。人生梦想就是一个长远目标，要想实现它，也要将它逐层拆分，直到明确具体该做什么为止。

1984年，在东京国际马拉松邀请赛中，名不见经传的日本选手山田本一出人意料地夺得了世界冠军。当记者问他凭什么取得如此惊人的成绩时，他说了这么一句话：凭智慧战胜对手。

当时许多人都认为这个偶然跑到前面的矮个子选手是在故弄玄虚。马拉松赛是一项依靠体力和耐力的运动，只要身体素质好又有耐性就有望夺冠，爆发力和速度都还在其次，说用智慧取胜确实有点勉强。

两年后，意大利国际马拉松邀请赛在意大利北部城市米兰举行，山田本一代表日本参加比赛。这一次，他又获得了世界冠军。记者又请他谈谈经验。

山田本一性情木讷，不善言谈，回答的仍是上次那句话：用智慧战胜对手。这回记者在报纸上没再挖苦他，但对他所谓的智慧感到迷惑不解。

10年后，这个谜终于被解开了，山田本一在他的自传中是这么说的：

"每次比赛之前，我都要乘车把比赛的线路仔细地看一遍，并把沿途比较醒目的标志画下来，比如第一个标志是银行；第二个标志是一棵大树；第三个标志是一座红房子……这样一直画到赛程的终点。比赛开始后，我就以百米冲刺的速度奋力地向第一个目标冲去，等到达第一个目标后，我又以同样的速度向第二个目标冲去。40多公里的赛程，就被我分解成这么几个小目标轻松地跑完了。起初，我并不懂这样的道理，我把我的目标定在40多公里外终点线上的那面旗帜上，结果我跑到十几公里时就疲惫不堪了，我被前面那段遥远的路程给吓到了。"

其实，要达到目标，就像上楼一样，不用梯子，一楼到十楼是绝对蹦不上去的，相反蹦得越高摔得越狠。必须一步一个台阶地走上去。就像山本田一一样将大目标分解为多个易于达到的小目标，一步步脚踏实地，每前进一步，达到一个小目标，使他体验到了"成功的喜悦"，而这种"感觉"强化了他的自信心，并将推动他发挥稳步发展的潜能去达到下一个目标。

2018年，朱明旭毕业于浙江大学管理学院，一毕业他就进入杭州市一家大型公司，成为这家大型公司的一名普通职员。朱明旭是一个很要强的人，刚进入公司，他就为自己设定了一个长远的目标——他要成为这家大型公司的总经理。

在这个目标的鼓舞下，朱明旭努力工作，每当疲惫不堪时，他就会拿出这个伟大的目标鼓励自己，让自己重新振作起来，继续投入工作中去。时间一长，朱明旭发现一个问题，那就是公司的大部分员工都比自己入职时间长，有的员工入职已经五六年了，还只是一个普通职员。这让朱明旭感到有些灰心丧气，觉得自己的那个伟大目标没有了希望。慢慢地，他的工作激情开始减退，做事变得拖延起来。

一次偶然的机会，朱明旭读到了一篇关于将长远目标合理拆分的励志文章。他从文章中领悟到一个道理，那就是要将长远目标进行合理拆分才能让目标得以顺利实现。明白了这一道理后，朱明旭精神大振，他将自己要当公司总经理的目标进行了拆分，变成了多个小目标。比如，一年内当上小组长，两年内成为部门主管，三年内成为公司副总，直至当上公司总经理。

从此以后，朱明旭工作热情更加高涨，做事更加卖力，积极解决问题，与同事和谐相处，上级领导将这一切看在眼里。半年时间过去了，朱明旭如愿地当上了所在小组的小组长。朱明旭一如既往地勤奋工作，以一种高昂的、积极向上的情绪面对工作。很快，他又被提拔为部门经理，而且比他预想的时间还要提前。

就这样，朱明旭一步步从一名普通职员升迁到公司总经理，成为这个公司最年轻的总经理，他最初的伟大目标如愿以偿地实现了。

朱明旭的成功得益于他将长期目标进行了合理拆分，在成功实现了一个个小目标后，不急不躁，继续稳步前进，最终各个小目标累积成了大目标，成功就是这样一步步赢取来的。

拆分长期目标要讲究一定的方法。常见的方法有两种：一种是"多杈树法"，另一种是"剥洋葱法"。这两种分解方法都比较形象。

从字面上理解，"多杈树法"是类似树干、树枝、叶子的分类法，可以这样通俗地理解：一棵枝叶繁茂的大树，高大的树干是人生大目标，它上面分散四周的大树枝代表次一级的小目标，大树枝上的小枝代表更次一级的小目标，而树枝上的叶子则为最基本的小目标，是现在需要去做的每一个切实的事务。

大目标是由小目标组成的，它们之间存在着逐层递进的逻辑关系，大目标实现的前提是实现小目标。只有将小目标实现了，才有实现大目标的可能。

在明确了大小目标的逻辑关系后，可以将自己的人生大目标画成一个树干的形状，然后找出实现这个人生大目标的必要条件和充分条件，以枝干的形式将它们画在树干上，作为大目标的次一级小目标。接着找出实现次一级目标的必要条件和充分条件,再将它们以树干的第二级树杈的形式在第一级树杈上画出,这些小树杈就是再次一级的小目标。这样以此类推,直到目标不能拆分为止,最后画上树叶。至此人生目标这棵枝繁叶茂的大树绘画完成。

为了验证这样的拆分是否具有可行性,可以采用倒推法,即从树叶开始往上推,树叶到小树枝,小树枝到大一些的树枝,再到更大一些的树枝,直到大树的树干,看是否有合理的逐层递进的逻辑关系。确定有逐层递进的逻辑关系后,再试问如果这些小目标都实现了,那么,大目标能否实现。如果确认能实现小目标,大目标也毫无疑问会实现,那就说明这个拆分成功了。如果不能得出这样的结论,则说明有遗漏的次级目标。这样的话,应该继续补充被遗漏的树枝,也就是次级目标,直到大小目标合理的逐层递进的逻辑关系清晰地体现出来才算成功。

同"多杈树法"类似,"剥洋葱法"也是逐层将大目标分解的方法。整个洋葱代表最大的目标,一层层的洋葱片代表一级一级的小目标。从外面剥起,里面一层比外面一层小些,代表一层一层逐级分解,直到把看似难于实现的大目标分解成具体的事务为止。

在将大目标分解成小目标的实践中,可以遵循以下步骤:

1. 找到拆分目标的原因。

个人目标是自发性的,非外人强加于自己身上的,所以,第一件事要做的是找出"为什么"来说服自己。

2. 设下时限。

人性的劣根性之一是拖延,极需时限来集中注意力以完成任务。因此，最好能将目标拆为几个阶段，在指定时间内做到什么程度，以便检查及量度。

3.衡量实现目标所需的条件。

比如，你想成为大学教授，须明确知道被聘用所需的资历，这样才能按部就班地达到其所要求的标准。

目标具体化了，就可以马上着手实现梦想了。先从最切实可行的具体任务开始做起，一步一步从小到大逐层实现目标，最终战胜拖延，做一个高效能人士，实现人生梦想这个长远目标。

及时修正自己的目标

世界知名的布道家贝尔博士说："想着成功，成功影响就会在内心形成。在雄心勃勃的推动力下，你可以控制环境，创造人生。"

由于人的内心构想是人生的设计蓝图，对人的现在和未来都有重大的影响，每一个人都会希望在自己的脑海里形成美好的蓝图，像一幅完美无缺的图画，比任何一位艺术大师笔下的杰作都更加出色美丽。但是有些人想得太好了，以至于难以实现，于是便在心理上产生失望和悲观，在行动上就会出现消极、拖延。

所以，设定一个适合自己的目标，使理想在现实条件下可能实现，就会给人带来快乐幸福。目标是一种方向，需要恰当地选择。假如你的一个目标发生了问题，应当更换另一个目标，这样才能重新确定自己的强项。

1888年，作为银行家的里凡·莫顿先生成为美国副总统候选人，一时声名赫然。1893年夏天的某一天，部长詹姆斯·威尔逊先生到华盛顿拜访里凡·莫顿。在谈话之中，威尔逊偶然问起莫顿是怎样由一个布商变为银行家的，里凡·莫顿回答说：

"那完全是因为爱默生的一句话。事情是这样的：当时我还在经营布料生意，业务状况比较平稳。但是有一天，我偶然读到爱默生写的一本书，爱默生在书中写的这样一句话映入了我的眼帘：'如果一个人拥有一种别人所需要的特长，那么，无论他在哪里都不会被埋没。'这句话给我留下了深刻的印象，顿时使我改变了原来的目标。

"当时我做生意很守信用，但是与所有商人一样，难免要去银行贷些款项来周转。看到了爱默生的那句话后，我就仔细考虑了一下，觉得当时各行各业中最急需的就是银行业。人们的生活起居、生意买卖，处处都需要金钱；天下不知有多少人为了金钱，要翻山越岭、吃尽苦头。

"于是，我下决心抛开布行，开始创办银行。在稳当可靠的条件下，我尽量多往外放款。一开始，我要去找贷款人，后来，许多人都开始来找我了。由此可见，任何事情，只要脚踏实地地去做，就不可能会失败。"

人生的道路上，找到适合自己的目标非常重要。否则，将永远挣扎于不满意的情绪之中。所以，设定一个适合自己的目标，使理想在现实条件下可能实现，就会给人带来快乐幸福。

那么，什么样的目标是适合自己的呢？

适合自己的目标，就是在自己的能力范围内和满足社会需要前提下制订出来，可以达到的目标。不是空想，不是信口开河，空想因为无法实现，会使人陷入悲观；而适合自己的目标，就会有具体的实施办法，就会给人以希望，使人越干越有劲。

适合自己的目标，不是降低自己的追求，而是把自己的长远目标和短期目标结合起来。一个中学生在暑假里打工，觉得自己适合做生意，于是就决定不再继续上学，要去做生意，这种情况就是把自己的目标降低了，只是从眼前利益出发来确定自己的奋斗目标，而忽视了长远目标。

人的能力在不断地发生变化，因为你自己有了变化，目标也就要随着调整，目标也随着能力的发展在不断地扩大。而如果一个人停止学习，他的能力也会随之下降，他原来与之相适应的目标也就会变得难以实现了。所以，适合自己的目标在任何情况下都会发生变化，这就要求每个人在实际生活中不断地适应变化，不断地调整自己，力求使人生的内在潜能得到最大的发挥。

美国《成功》杂志的创办者奥里森·马登说过，"世界上有半数的人从事着与自己天性格格不入的工作，而做自己所不擅长的事情往往徒劳无益。因此，失败的例子数不胜数。在职业生涯的选择上，要扬长避短，你的天赋所在即是你命中注定的职业。"

西徒尼·史密斯也说过："不管你的天性擅长什么，都要顺其自然，永远不要丢开自己的天赋优势和才能。"

由此可见，在奋斗目标的选择上首先应根据自己的诸多条件，从优势上优先选择，以免走不必要的弯路。

这世上唯一不变的就是变化。外界环境在变，实现目标的过程中出现了意外，我们就不能原地踏步，要学会立刻作出反应，调整自己来适应变化。那么，如何保证让自己的目标不中断，不被无限地拖延下去，最后化为泡影呢？这里有五项基本原则：

1. 修正计划，而非修正目标。

英国有句谚语说得好：目标刻在石头上，计划写在沙滩上。这就是说，目标制订好了，不要反复地修改，否则，很可能会让你做事有头没尾，一事无成。但是，实现目标的计划却可以根据情况随时调整，正所谓条条大路通罗马。一条路上遇到了太多阻碍，行不通的时候，不妨换一条路来走。

2. 修正达成目标的时间。

要克服拖延，自然要尽可能按照限定时间来完成任务。但如果中途出现了意外，增加了工作量，那不妨适当地给自己一个宽限。需要注意的是，不能太过放纵，倘若时间太过宽裕的话，也有可能因为心理上的松懈，导致惰性心理的出现，从而诱发拖延。

3. 修正目标的量。

其实，走到这一步的时候，已经是在压缩最初的目标了。很多人年少时梦想着长大后做画家、医生，可随着年龄增长，就开始不断地改变梦想，从画家变成设计师，从医生变成护士。可等真的长大了，这些梦想可能已经变成了"我要考上个差不多的学校，找个差不多的工作"。于是，从前的梦想全都被压缩没了，从胸怀大志变成了胸无大志。所以，不到万不得已的时候,最好不要用改变梦想的方式来适应残酷的现实。我们要做的,是不惜一切代价,努力寻找新的方法去改变现实,实现既定的目标。

4. 坦然地放弃目标。

对任何一个渴望成功的人来说,放弃都是一件残酷的事。因为放弃了,就意味着失败。然而,对于真正的成功者来说,这个世界没有失败,只是暂时还没成功。只要不服输,成功总有一天会到来。

5. 重新面对新目标。

重新面对新的目标时,最好不要重复上面的过程,而是应该永远重复第一步:修正计划,修正计划,再修正计划,直到成功。

专注于一个目标

也许有人会问,为什么同样的目标,有的人成功了,有的人却失败了?那是因为我们不但要制定明确的目标,更重要的是,要专注于这个目标,拿我自己的经历举例:

我在践行易效能时间管理之初,就定下了一个目标:两年之内成为易效能见习讲师。为了达成这个目标,2019年,我并没有做其他事情,专注于这一件事。为了能更快熟悉时间管理的理论体系,我跑遍了易效能在国内的七大常规开课城市,花了大半年的时间,把易效能课程全部学完。同时，作为义工教练多次回到课堂来帮助新学员，正所谓"教是最好的学"，除了做义工教练，我还给自己制定了每月一次分享会的目标，要么是在线上社群分享，要么就是在线下做分享会。终于在 2019 年 12 月，我如愿地被选为易效能见习讲师，这个目标的达成比我的计划整整提前了一年的时间！

如果我不是特别专注于这个目标，而是选择同时做几件其他的事情，我定下的"两年之内成为易效能见习讲师"的目标可能不会那么容易实现。因为一旦注意力被分散，目标的实现就会被推迟，甚至被搁置。

如何运用注意力，看起来微不足道，可实际上这直接影响着你的精神状态和工作效率。要摆脱拖延症、告别低效能，就必须学会在同一时间内减少大脑里装载的东西。

请相信这样一句话：一个好猎手的眼中只有猎物。

在茫茫的大草原上，有一位猎人和三个儿子。这天老猎人要带三个儿子去草原上猎野兔。一切准备得当，四个人来到草原上，这时老猎人向三个儿子提出一个问题："你们看到了什么？"

老大回答道："我看到了我们手里的猎枪，草原上奔跑的野兔，还有一望无垠的草原。"

父亲听后，摇摇头说："不对。"

老二的回答是："我看到了爸爸、大哥、弟弟、猎枪、野兔，还有茫茫无垠的草原。"

父亲听后，又摇摇头说："不对。"

老三的回答只有一句话："我只看到了野兔。"

这时父亲才说："你答对了。"

果然，这天老三打到的猎物最多。

目标要专一，不能游移不定。眼中只有猎物的老三能猎到最多猎物就是最好的佐证。但事实证明，大多数人都有一个共同的特点：他们今天是这样一个目标，明天就是那样一个目标，后天又是另外一个目标，因为目标游移不定，所以，最后一事无成。

目标游移不定，实际上就是没有目标。如果一定要说他们有目标，那也只能算为一种小打算。

有位年轻人，由于没有经验，他每次下田用犁耕作时，走得歪歪斜斜，他的父亲告诉他："你应该选定一个目标，然后朝着目标走，这样就不会歪啦"。于是，他以远处的另一头牛作为目标，他想这样应该没有问题了，但是耕出来的田仍然不直。这时，他父亲又说："第一次是你缺乏目标，所以不直。第二次是错在目标一直在移动，当然就会走歪，所以，你应该找一个固定的目标，并且要看准这个目标才行。"第三次，他选择了远方的一棵树作为目标，果然犁出来的田是直的。

因此，如果目标游移不定，实际上就是三心二意，这不但会消耗精力，而且也浪费时间，最终是竹篮子打水一场空。很多人意识到专注对实现目标的重要性。但他们往往不知道如何提高这一能力。看到许多人成功或轻松地完成任务很令人羡慕。你看到的成功通常都是付出艰辛努力得来的结果。区分成功者和梦想家的关键是专注，那么，我们在实现目标的过程中如何做到更专注、更高效呢？

1. 选择一个目标

把你未来几年里想完成的目标列成一份清单，上面可能会有一二十个目标。你可以试着同时向所有目标发起挑战，也可以向尽可能多的目标发起挑战，但是，这么做的效率很低。所以，你应该只选择一个目标，投入全部精力去实现它，直到把它从清单里删掉为止。

2. 分解成次级目标

把"唯一目标"确定下来之后，下一步就是专注于能在未来两个月里实现的次级目标。把"唯一目标"分解成次级目标，可以缩短完成每个目标的时间，便于迅速实现目标，避免你被遥遥无期的大目标吓倒。如果不把大目标分解成小步骤，你就可能被庞大又模糊的目标压垮。

3. 本周目标。

每个星期都要制定本周目标，以便让自己离实现次级目标更近一步。

4. 每日行动。

每天都要做一件事，让自己离本周目标更近一步。让它成为你当天最重要的任务。先把这件事做完，再去做其他事。这有助于你保持专注，集中精力实现"唯一目标"，不受其他更紧迫的琐事干扰。

这个"唯一目标"体系能让你专注于实现目标，每天都离它更近一步，还能避免你的精力分散，促使你全神贯注，努力实现终极目标。

制定你的目标清单

列出目标清单，并且按照清单上的项目逐一地执行，可以帮助你最大限度地抓住时间的脉搏，战胜拖延。

现代社会是一个快节奏的社会，无论在职场还是生活，我们都在追求效率与速度。白领一般都有这种经历：早上起床对着镜子总是雄心万丈——今天一定要拼命干活，追求效率。但是经过几个朝九晚五下来，拖着疲累不堪的身躯回到家里，却发现自己好像什么都没干，报表没填、会议内容没有总结、客户的电子邮件也没有回复……不知道你是否身在此行列中，雄心勃勃出发，灰心失望归家？

如果深究这种现象，不难发现这是快餐时代的产物，现代社会要求我们迅速出击，因此很多人都难免会忙中出乱，出现了效率低下、毫无成就的情况。只有精通于安排和管理时间的人才能够脱颖而出，因为他们对时间的浪费永远降低在最低程度。管理时间一定要切合实际地制定出目标清单，并且按照清单的每个项目来执行，才能成功主宰自己的未来。

杰克·韦尔奇是通用电气前总裁，通用电气在他卓越的领导下一步步迈向成功。很多人都对韦尔奇的成功感到好奇，究竟是智慧还是机遇缔造了韦尔奇的成功呢？答案可能会让大家失望，因为韦尔奇非常善于管理自己的时间，他的成功正是来源对时间的有效管理。

韦尔奇有一个习惯，每天上班的第一件事是查看自己的工作列表，并且根据列表上工作内容的重要程度来安排。一般公司的会议相对重要，于是韦尔奇拿出35%的时间来进行会议部署；拜访客户是拓宽公司业务的重要方向，韦尔奇将自己20%的时间用来跟客户沟通；公司的其他事件并不太重要，韦尔奇把剩下的时间全部安排在处理这些琐碎的事件上。每天的列表内容不尽相同，但韦尔奇都会按照事件的轻重缓急来计划完成的时间和顺序。

他的这种行为不只为自己赢得了时间，并且成为员工效仿的工作方法，创造工作效率的同时，更创造了公司的效益。

制定目标清单是在帮助我们进行目标管理，这一项看似简单的工作可以帮助我们拉近与理想的距离，要知道没有目标的行动都是徒劳无功。

每个人的目标清单都不一样，但无论做什么，在制定目标清单的时候，切忌"假、大、空"，即要符合实际，要力所能及，要落实具体。举个例子，提起目标，很多人都会说一些特别空泛的话，比如存折上的数字达到七位数，在某某一线城市的二环里买一栋别墅，攒钱环游世界……

除非你买彩票中得大奖，否则在很大程度上，以我们的实力达成这些目标完全是异想天开。这些目标对我们根本没有激励的作用，何来完成呢？一旦目标很难实现，反而会使我们产生消极的情绪，继而为我们的道路设限。

不只是生活中，落实到工作上，目标清单更是我们奋发前进的指南。

所以，我们必须规避"假大空"的禁忌，来制定切合实际、容易实现的，并且是短期的目标，最好是半年之内即可完成的目标。

很多人都说放长线钓大鱼，可这长线并不是什么时候都能放的，很多时候放长线反而会拖累自己。比如，在制定目标清单的时候，过分长远的打算会破坏我们的进程。

时间管理专家提醒我们：白驹过隙。我们的目标附有机动性，很可能会随着时间的转移而产生变化，因此，过于长远的目标很可能会葬送在时间的大河中。你也许未必会意识到目标夭折的后果，但长此以往，总是不能完成目标，我们的自信和效率都会受挫。

现在打开你的目标清单，查看一下是否有的目标过于缥缈，实现的可能性非常小；而有的又过于琐碎，即便轻而易举地完成却不会为自己带来任何成就感？面对这两种目标，我们都要把它们从目标清单上划掉。要时刻确定：每完成一个目标，都要与终极目标更接近。

此外你要注意，清单并不是一蹴而就的，我们完全可以在工作的间隙对清单进行查缺补漏，从而使我们的目标清单更完善、更具体，完成起来更容易。

设定一个实现目标的期限

任何目标都需要设定一个实现的期限，这就是我们常说的

"Deadline"。如果不设期限的话，心中就没有越来越近的紧迫感，目标很可能会被束之高阁，而自己则拖拖拉拉不肯行动，理由很简单："反正时间还多着呢，着什么急！"

时间与生命对等，我们在花费时间的同时，就是在不断地消耗着自己的生命。只不过，有人在时间与日俱减的时候，收获了美好的未来。有目标的人，从不怕吃苦，因为他们心中有强烈的愿望，会为了自己的目标付出巨大的努力，孜孜不倦，直至达成自己的目标。可是，生活中还有很多人没有明确的目标，也没有一个实现目标的时间计划，他们只是在脑海里憧憬自己梦想成真后的样子。

如果不给目标设定一个实现的期限，那么，目标就可能被拖延下去，甚至可能永远无法得以实现，那样目标就永远成了目标。

胡可是某名牌大学的高材生，她学的是会计专业。大学三年级的时候她想考一个注册会计师证。因为注册会计师证书对自己将来的就业会有很大帮助，但是，注册会计师考试是非常有难度的，特别不容易通过，需要考《会计》《审计》《财务成本管理》《经济法》《税法》等科目，不但涉及面广，而且难度大。为了准备考试，胡可买来了一大堆学习资料，准备开始学习。但她没想到的是，大三的课程非常紧张，另外还要准备写年度论文，好不容易有一些空闲时间，她又觉得不能这样亏待自己，该休闲就休闲，于是和同学去市里逛逛商场，参加一些聚会。就这样，大三这一年很快就过去了。

一转眼就开始了大四的生活。大四的时间更宝贵了，既要准备毕业论文，又要实习，还要想毕业后找工作的事。因此，胡可觉得自己更忙了，偶尔有一些空闲时间，她又懒得去翻那些厚厚的资料，她把考注册会计师的事推到了毕业后。

毕业后，找工作就成了最重要的事，考注册会计师的事只能往后推一推。胡可很幸运，一家大型证券公司聘用了她。她在这家公司工作了四年，工作表现非常好，也积累了丰富的工作经验。四年后，财务总监离职了，胡可认为自己可以胜任财务总监一职，于是跟领导毛遂自荐。领导非常看好她，但是，公司的人事部门有规定，财务总监这个职位必须拥有注册会计师证书。

因为拖延，胡可的梦想一直没有实现。从她大三打算考注册会计师证时开始算起，到现在已经过去五年多了，其间虽然因为工作时间有些紧，但也不是没有空闲时间，胡可总是给自己找借口，以至于将此事拖延到现在也没有实现。与她同时期进入公司的另一个年轻人在这次岗位角逐中胜出，坐上了财务总监的位置。他告诉胡可，他也是在大三的时候有了考注册会计师证的打算，他给自己设定了四年内一定要考取的期限，之后一步步迈进，最终成功考取了注册会计师证。胡可却没给自己的目标设定期限，以致一拖再拖，最终原本可能实现的目标不了了之，梦想也就此破灭。

目标与时间密切相关，没有实现的目标仍然只是个梦。有了目标，你就要想方设法缩小自己和它的距离，而时间也是相当紧迫的。不给自己定期限，目标永远都是"待实现"的状态，都只是一个理论上的状态。或许，开始实践的道路很难，但是有了合理的计划和安排，迈开第一步后，你就会发现这条路越走越宽，而不是长期在一个小胡同里转来转去，看着别人羡慕不已。

在没有时间限定的情况下，我们会轻易找到各种拖延的借口，比如："反正没有时间限制，早一点儿、晚一点儿无所谓，我们还是出去转一转吧！""明天再做也不迟，晚一点儿完成而已。没有什么大不了的。"事情就这样被拖延下去。

事实证明，当我们给目标设定一个合理的期限时，就有了检查自己进度的标准。在了解进度情况的基础上，结合实际情况适时对自己的奋斗方向做出正确的调整，目标就会越来越近，目标实现的概率也就会变大。

拖延是人的本能，不将目标量化，不设定合理的实现期限，拖延也就找到了一个滋养的空间，会快速成长起来，然后将你拖进拖延的泥潭，你的梦想也就真的成了空想。

记住：你是自己的主人，你有权利支配自己的生命。你想让自己活得更加精彩，就不要犹豫，从现在开始，拿起手中的笔，给自己的目标设定一个期限，让自己的时间支出得有理有据。直到有一天，你发现走过的每一步都是如此珍贵，是它们让你越来越坚定，越来越努力，从而看清了自己，改变了人生。

第7章 克服懒惰，积极行动

懒惰，是拖延的"罪魁祸首"

懒惰是导致拖延的原因之一，要想治疗拖延症，就要清楚自己到底有多懒。懒惰的人缺少行动欲望，好逸恶劳，贪图享乐。尽管不能简单地将导致拖延的原因归结为懒惰，但是二者之间确实有交集。

加拿大卡尔加里大学的皮尔斯·斯蒂尔教授常年研究拖延症，他认为导致拖延症的最重要因素包括：信心不足、动力缺失、冲动分心和回报遥远。而懒惰就属于动力缺失这一项。

说到懒，很多人不以为然，总觉得不过是习惯上的小毛病，出不了什么大乱子。懒的结果不外乎就是，房间乱了点儿，衣服脏了点儿，人邋遢了点儿，做事拖了点儿……偶尔咬咬牙，也能变勤快。

不可否认，懒惰是人的天性，任何人身上都不可避免地存在惰性，只不过有的人自控力强，有的人自控力弱。但有一点我们必须清楚，懒惰是本能，却不可小觑，一旦丧失了自控力，让懒惰和拖延跑到一起，有些结果可能超出你的预料。

罗威从军校毕业后，分配到某看守所做狱警。他不喜欢这份工作，内心充满了怨愤，态度也很消极，能不做的事情就不做，领导没安排的任务他从来不会主动承担，就算是安排到自己头上的工作，也是拖延着做。

某个周末，犯人赵某的妻子来探监，她告诉赵某，他们的女儿出车祸去世了。赵某情绪波动很大，监狱长让罗威尽快找时间跟赵某谈谈，疏导他的情绪，以防发生意外。罗威没当回事，因为各种琐事拖着没办。一周之后，当他想起这码事，来到重刑监区准备找赵某谈谈时，才得知赵某在两天前自杀了。

你能想象得到，就因为懒惰拖延，会让一个生命突然消逝吗？或许，多数人都不曾意识到，当懒惰这一恶习蔓延开时，我们会不分轻重地拖延，总是心存侥幸地认为没事，却忘了有多少意外都是因为疏忽大意酿成的。

英国圣公会牧师罗伯特·伯顿，同时是一位学者和作家，他总结说："不管是男人还是女人，如果让懒惰控制了内心，那么，他们的欲望将永远不能得到满足。"

是的，懒惰的杀伤力和覆盖面，远远超乎我们的想象。

懒惰的人，对工作不可能富有激情，更谈不上责任心，只会得过且过、混一天算一天。

懒惰的人，在人际关系上也是一塌糊涂，明明是自己的问题，却要拉着别人一起求理解。任何关系如果无法建立在互惠的基础上，都是难以维系长久的。当你的懒惰变成了自己和他人的绊脚石，还有谁愿意与你同行？

懒惰的人，在感情路上也会屡屡受挫。爱情也好，婚姻也罢，都是需要用心去经营的。你习惯性犯懒，把所有的家务和压力都置于对方的身上，再好的感情也会被压垮，再乐意付出的人也会失落，因为付出总是需要得到一些回报，才有勇气坚持下去。

曾有人问一位在寺庙修行的僧人："为什么你们念佛时要敲木鱼呢？"

僧人回答说："表面上看是在敲木鱼，实则是在敲人。"

那人不解，追问道："为什么是鱼而不是其他动物呢？"

僧人大笑，答："鱼是世界上最勤快的动物，它每天游过来游过去，眼睛则是一天到晚都要睁着，连这么勤快的鱼都要这样时时敲打，更何况是懒惰的人呢？"

生活中的很多灾难，不是别人酿造的，也不是老天刻意地为难，而是自身的惰性习惯导致，也就是懒得做任何改变。要战胜拖延，就得先从心理和行动上克服懒惰。如果懒惰的习惯一直存在，人就会处于一种空想的状态，做什么事都会觉得"懒得动"。

从现在开始，不要再把懒惰当成小事，当你放任了它的随意，它就会在你的身体和思想中扎根。懒惰的人还有希望改变，知而不行的人则是无可救药。记住歌德的话："我们的本性趋向于懒怠，但只要我们的心向着活动，并时常激励它，就能在这种活动中感受到真正的喜悦。"

立刻行动

凡事留待明天处理的态度就是拖延和犹豫，这不仅阻碍事业上的进步，还会加重生活的压力。犹豫和拖延的习惯最能损害和削弱人们做事的能力，因此，你应该今天的事情今天完成，坚持不让今天的事情"过夜"，否则，你可能无法成功。所以，应该经常抱着"马上行动，决不拖延！"的想法去努力才行。

杨铭是葛云新认识的一个朋友，在葛云眼中，杨铭就是一个做事雷厉风行的人。葛云想开一个经销土特产的网店。在和葛云聊过之后，杨铭提到他认识的一个互联网公司创始人有这方面的经验。在征得了葛云的同意后，杨铭马上帮葛云约定见面的时间。他拨通了电话，向对方说明来意，询问日程安排，并把电话交给葛云，让双方确认具体事宜。

杨铭知道葛云缺少互联网营销知识，他便向葛云推荐了几篇关于互联网营销的好文章。葛云表示有兴趣阅读。杨铭马上让助理把这些文章打印出来。在葛云离开杨铭办公室时，文章已经打印并装订好送到他面前了。

很多人在决定了一件事后不敢马上去做，而是思前想后，仔细考虑到底是不是还欠稳妥，害怕万一失败了该怎么办，甚至不相信这是个最好的决定，一再地考虑还有没有其他的决定。就这样，他一直在决定中，从来没有付诸实际行动，当别人都已经向前行进时，他还在原地踏步不动。这样的人就算有再聪明的头脑，再丰富的想像力，却不能付诸实践，那又有什么用呢？

思想与行动同等重要。如果你每天都在想着做什么，而不付诸实际行动，那只能是空想，永远也不会成功。

马上行动可以应用在人生的每一个阶段，帮助你做自己应该做却不想做的事情。对不喜欢的工作不再拖延，抓住稍纵即逝的宝贵时机，实现梦想。很显然，要能马上行动，就要克服一种许多人常有的拖延习惯。拖延是一种习惯，行动也是一种习惯，不好的习惯要用好的习惯来代替。仔细思考一下，拖延的事情迟早要做，为什么总是要推后再做？立即做完以后可以休息，而现在休息，也许以后要付出更大的代价。想一想，在日常生活当中，有哪些事情是你最喜欢拖延的？现在就下定决心，将它改善。从最简单的事情开始，当你可以激发自己的行动力的时候，你会非常有冲劲，会非常想去完成一件事情。

拖延是行动的死敌，也是成功的死敌。拖延使我们所有的美好理想变成幻想，拖延使我们丢失今天而永远生活在"明天"的等待之中，拖延的恶性循环使我们养成懒惰的习性、犹豫矛盾的心态，这样就成为一个永远只知抱怨叹息的落伍者、失败者、潦倒者。那么，我们如何摆脱这一恶习呢？

下面是几种克服拖延的实用小技巧，希望能够对你有所帮助。

1. 在工作中态度要主动积极。

要勇于实践，做个真正做事的人。一个人只有以积极主动的态度去面对自己的工作，才会产生自信的心理。这样一来，在处理事务时，头脑才会保持清醒，内心的恐惧和犹豫便会烟消云散。只有如此，才能够找到处理事务的最佳方法。

2. 要学会立刻着手工作。

假如在工作中接到新任务，要学会立刻着手工作。这样，才会在工作中不断摸索、创新，一步步排除困难。如果一味地拖延、犹豫，只会在无形中为自己增加更多的问题，这将不利于自己在工作中做出新成绩。

3. 要善始善终，而不要半途而废。

做事善始善终才会有结果，如果对每一个目标都半途而废，是没有任何成绩的。在工作过程中，即使很普通的计划，如果能够有效执行，并且继续深入发展，都比半途而废的"完美"计划要好得多，因为前者会有所收获，后者只是前功尽弃。

4. 永远不要为自己制造拖延的借口。

"明天""后天""将来"之类的词语跟"永远不可能做到"的意义相同。所以，我们要时刻注意清理自己的思想，不要让消极拖延的情绪影响了我们行动的步伐。

今天该做的事拖到明天完成，现在该打的电话等到一两个小时后才打，这个月该完成的报表拖到下个月，这个季度该达到的进度要等到下一个季度……我不知道喜欢拖延的人哪儿来的这么多借口：工作太无聊、太辛苦，工作环境不好，老板脑筋有问题，完成期限太紧，等等。我只知道，这样的员工肯定是不努力工作的员工；至少，是没有良好工作态度的员工。他们找出种种借口来蒙混公司检查，来欺骗管理者，他们是不负责任的人。

5. 要把创意和行动结合起来。

创意本身不能带来成功，但是，它一旦和行动结合起来，将会使我们的工作显得卓有成效。在工作的过程中，我们需要把创意和实践结合起来，付诸行动之中，只有这样，才会为我们的人生和事业打开新的局面。

6. 永远不要等到万事俱备的时候才去做。

不要等到万事俱备以后才去做，因为永远没有绝对完美的事。预期将来一定有困难，一旦发生，就立刻解决。永远都没有万事俱备的时候，这种完美的想法只是一种幻想。

7. 用行动来克服恐惧，同时增强你的自信。

爱默生说："永远做你害怕的事！"怕什么就去做什么，你的恐惧自然会立刻消失。

8. 有计划有策略地完成任务。

你可以列出立即可以做的事情。比如，你可以在每天早上工作开始之前就完成这项步骤，通常从最简单和用时最少的事情开始。也可以切割你的工作任务，把工作分割成几个小部分，分别详细列在纸上，然后把每一个部分再分解成几个步骤，使得每一个步骤都可以在一个工作日之内完成。

"想做的事情，马上行动，不要拖延！"这是很多成功者的成功经验。这种经验，同样适合于任何人。如何做到"想做的事，立即去做"，这就需要你养成从小事做起的习惯。

别做规划上的巨人，行动上的矮子

我们的人生不成功的一部分原因，往往不是我们想的不够多而是我们真正落实到实践上的太少了。只有知行合一，将你的想法不断付诸实践才能越来越接近你的目标，越来越接近你的追求。

注重行动的人通常不会把他们的计划拿出来与别人反复讨论，除非遇到了见识和能力都比自己更强的人。他们也不会在徘徊、观望中浪费时间，他们要做的就是行动、行动、再行动。

造船厂有一种机器，能够把一些破烂的钢铁废料毫不费力地轧成钢板。善于行动的人就像这种轧钢机，办事雷厉风行，只要下定决心去做，不管前面有多复杂、有多困难，他们都会毫不犹豫地行动起来，在行动中解决所遇到的问题。

生活中有很多语言上的巨人，行动上的矮子；他们总是夸夸其谈，觉得自己可以做很多事情，但是真正去做的时候却总是在做规划，不愿意做出任何改变和行动。那么，我们如何才能改掉这个习惯呢？

1. 提醒自己立刻去做事情，不要找任何借口和理由，要明白机会稍纵即逝，千万不要等失去了再后悔。

2. 在工作的地方写上行动标语，每当想要拖延的时候就用上面的话来激励自己。

3.不要积累事情,能解决的时候就立刻去做;有些事情一旦迟了,就会失去做事情的有利时机。

4.在做事情的时候一定要专心认真,不要轻易转移关注点,提升工作效率。

5.不要盲目乐观,更不要选择逃避;要经常去想如果不做,会产生什么样的结果,做到吃一堑长一智。

6.诚信是一个人的立身之本;当我们答应了别人之后,无论如何一定要立刻去做,不要找任何借口和理由。

别把希望寄托在明天

"今日复今日,今日何其少,今日又不为,此事何时了?人生百年几今日,今日不为真可惜,若言姑待明朝至,明朝又有明朝事。"这是明代著名才子文嘉所作。那个时候的他就能够采用通俗流畅的语言劝勉人们应该好好珍惜自己所拥有的时间,切勿玩耍嬉闹虚度美好的年华,荒废光阴。那么,现如今的我们在如此美好的时光中,更应该好好把握自己,尽可能地把事情放在当下,而不是将所有的希望与梦想寄托在明天去完成。

人本身就具有散漫不羁、拖延放纵的不良习惯。如若事情的本身进展顺利的话，尚且可以放在当下继续完成。如若在事情发展的过程中一再遭遇困难，使得事情不能够按照原有的计划进行的话，相信这很有可能成为拖延的最佳借口。

就职于著名企业海尔集团的每一位员工，基本都养成了"每日事，每日毕"的习惯。因为他们在不断的工作与总结中都为自己设立了一个"日清"检查工作流程。他们在每天的工作中都要对自己当天所进行的工作进度与详细程度进行及时地清理、检查。

其中检查的内容包括自己的案头文件，哪些属于急办的、哪些属于缓办的，还有一般性的材料应该如何正确地摆放都是有一定条理性的，这些必须要求做到井然有序。甚至在临下班的时候，他们的椅子都必须摆放得整整齐齐。

对于所有在海尔工作的客服来说，每一个客户对他们提出的任何要求，无论是复杂的大事，还是如"鸡毛蒜皮"一般的小事，所有的客服人员都必须在客户提出要求的当天给予准确答复，并且还要与客户针对一些工作中的小细节达成一致的协商意见。然后，还要毫不走样地按照协商的具体要求来办理相关事宜，等工作人员办理妥当之后还必须及时地反馈给客户。如果当员工遭遇客户的不断抱怨甚至是投诉的话，依然需要客服人员在第一时间内给予最合理的解决，自己如果没有能力解决的话必须第一时间汇报给自己的直属上级。自从海尔的所有员工坚持"日清"工作程序之后，他们企业的工作效率与工作质量也得到了有效提高。

因此说，员工的"日查"习惯也让海尔不断地完善了自己的"日清"

检查控制系统。这不但让当天发生的所有问题得到了及时的解决，而且还对于后期工作地顺利发展开了一个好头。

由此可知，人们在做事的过程中存在着各种各样拖延的借口与理由。其中，一部分人是因为自己不太喜欢手头的工作；而另外一部分人则是不清楚自己该如何更好地开始自己手里的工作。这些原因足以促成一部分懒散者继续拖延下去，如果一直这么下去的话，导致的结果不仅仅是误事，更重要的是把一个人给耽误了。如果想要彻底改掉寻找借口的不良习惯，最好试着培养自己今日事今日毕的好习惯。

1. 制定计划。

俗话说，磨刀不误砍柴工。每天给自己当天的工作制定一个切实可行的计划，能够让自己一天都保持专注，很有目标感，不会觉得茫然与麻木。

2. 做好排序。

按照轻重缓急的顺序，一个个完成计划。同时，利用碎片时间处理细碎杂事，比如处理邮件、邮寄快递等，这样可以大幅提高工作效率。

3. 适当奖励。

每完成一个任务，给自己一点奖励。尤其是刚开始培养习惯的时候，适当的奖励十分重要，具有很大的激励作用。

4. 合理放松。

一个人不可能一整天一直保持全神贯注的状态，需要合理的放松予以调节。比如，对着电脑一个小时，可以向窗外远望一会，也可以在办公桌周围做做伸展运动，适当的休息有助于提高效率。

5. 简短总结。

古语有云：吾日三省吾身。如果我们能每天晚上对白天所做的事情进行一个总结，看看有哪些还需要改进，这样将有利于加速我们好习惯的养成。

别让坏情绪延缓了事情的进度

在生活中，我们经常会感到莫名的沮丧和烦闷。特别是在经历一些不顺心的事情以后，低落的情绪会让我们看什么都不顺眼，一点精神都提不起来。上班总是走神，和家人相处总不耐烦，就算最喜欢的书也完全看不下去。有时触景生情，心情就会变得非常的伤感和失落。想象一下，当我们有这样的沮丧情绪时，还有心情工作或者做一些原本打算做的事情吗？肯定不会。这时，伴随着沮丧而来的就是拖延，我们会把事情一拖再拖，想着心情好一点再做。但如果你总是心情沮丧呢？

沮丧的情绪不仅会影响一个国家的前途命运，对个人的生活也会造成极大的负面影响。前些年，曾经演电影《成长的烦恼》中伯纳的演员安德鲁竟然离奇失踪。据知情人士透露，他在失踪以前，因为一些事情而导致情绪十分低落和沮丧。一个在荧屏上曾经给无数人带来欢乐的演员，竟然也因为糟糕的情绪做出让人如此不解的事，沮丧的破坏力可见一斑。

生活中，难免会受到糟糕情绪的困扰，失望的事情发生时，每个人都会感到沮丧。但是，每个人在应对这种情绪时的反应却不尽相同。同样是因为误会遭到领导批评，有的人回家就给家人脸色看或是把孩子臭骂一顿，而有的人则是打一场篮球出出汗，或是在家什么都不想，痛痛快快喝上几杯，让负面情绪得以释放；同样是找不到合适的工作，有的人整天唉声叹气，颓废绝望，感叹着世道的不公，而有的人却能从自身找问题，努力从各个方面提升自己的能力和价值，并愿意把自己的教训和经验积极地去和身边的人分享，让大家接收到更多正能量。

所以，一个人感到沮丧并不可怕，关键是我们不能任凭沮丧情绪在生活里蔓延。

因为晚婚，我朋友陈磊妻子怀孕时已经三十七岁。无论是他自己，还是双方父母，做梦都希望这个孩子能平安降生。可天不遂人愿，陈磊妻子流产了。

这个沉重的打击让陈磊几乎万念俱灰。他不责怪妻子，自己内心却怎么也高兴不起来。他每天阴沉着脸，回到家也不爱说话，头发已经很长了，也不愿意去修剪，一脸颓废的样子，还时不时地唉声叹气。以前休息时，他总爱和朋友去打台球，如今他只是关上灯坐在沙发上一个劲地抽烟。

陈磊的情绪影响到了妻子：由于心情的压抑，妻子刚刚做过流产手术，身体又出了问题。医生说，如果恢复得好，一般九个月以后就可以重新怀孕。可按照现在的情况，他们至少要等到三年以后。

在不安的环境中，沮丧的情绪可能会一直困扰着我们。之所以有人能够苦中作乐，而有的人却亲手毁掉了自己的生活，就是因为看待负面情绪的方式不同。

如果把眼前的困境看作末日，那么生活就注定充满凄凉。但如果告诉自己咬咬牙就过去了，日子总要开心地过，那么，再不幸的事也不会影响到你的心情。孩子没了，至少你还有相濡以沫的妻子，还有需要照顾的父母，还有一个完整而温暖的家庭，仅仅为了这些，就应该重新打起精神，沮丧又能解决什么问题呢？

在日本，有一对奶农夫妇，虽然上了年纪，却依然像年轻时一样相爱。后来，严重的糖尿病并发症导致妻子失明，本来开心的她从此变得悲观起来，每天把自己关在家里，在沮丧和黑暗中生活着。

丈夫是一个非常乐观的人。他不忍心看着妻子在绝望中痛苦挣扎，决定用自己的方式让她重新快乐起来。于是，他在自家门前建一个花园，里面种满各种花卉。

虽然妻子无法看到花园里的姹紫嫣红，但扑鼻的芳香最终让她走出了房门。她听丈夫描述各种鲜花的美丽形态，感受着自己被花海所围绕时的甜蜜与幸福。从那时起，妻子每天都到花园里逛一逛。她脸上终于露出了久违的笑容。

一个人摆脱沮丧的情绪并不是什么难事,只要善于发现身边的美好,只要愿意为别人去创造美好,我们的生命就不会被沮丧所占据,而随处可见的将是快乐和幸福。

英国物理学家威廉·吉尔伯特说:"我们不要沮丧,每一片云彩都会有银边在闪光。"我们应该成为自己生活的主宰,悲观沮丧并不可怕,只要勇敢面对、及时调整,就能走出困境。相反,如果仍由沮丧的情绪在生活里蔓延而不加制止,那么,情况只能是越来越糟。

用积极心态战胜拖延

面对机会,积极心态有助于人们克服困难,发掘自身的力量,帮助人们踏上成功的彼岸。怀有消极思维的人则会看着机会渐渐远去,却不会采取行动。消极心态会在关键时刻散布疑云,使人错失良机。

消极心态与积极心态一样,也能产生巨大的力量。有时候,消极心态的力量还有可能大于积极心态的力量。我们不仅要最大限度地发挥和利用积极心态的力量,也应该极力排斥消极心态的力量。

有一个年轻人,有一天对他所有朋友大胆地说:"总有一天,我要到欧洲去。"坐在他旁边的朋友一听此话便笑了起来："听听，这是谁在说话呀？"

但是，过了20年之后，这个年轻人果然带着自己的妻子去了欧洲。

年轻人当时并没有像其他人那样说："我非常想去欧洲，但我恐怕永远都花不起这笔钱。"他的心里抱着积极的、坚定的希望，这希望和积极的心理暗示给了他极大的动力，促使他为了要去欧洲而有所行动。

障碍与机会之间有什么区别呢？关键在于人们对待事物的态度。被誉为美国历史上最伟大的总统之一的亚伯拉罕·林肯说过："成功是屡遭挫折而热情不减。"积极的人视挫折为成功的踏脚石，并将挫折转化为机会。消极的人视挫折为成功的绊脚石，让机会悄悄溜走。

看见将来的希望，就会激发起现在的动力。消极与拖延是一对畸形的寄生虫，消极心态会摧毁人们的信心，使希望泯灭。消极心态像一剂慢性毒药，吃这服药的人会慢慢地变得意志消沉，失去动力，离成功越来越远。

消极心态不仅使自己想到外部世界最坏的一面，而且还会想到自己最坏的一面。他们不敢企求什么，往往收获也很少。遇到一个新的想法或观念，他们的反应往往是："这是行不通的，从来没有这么干过。没有这主意不也过得很好嘛？我们承担不起风险，现在条件不成熟，这不是我们的责任。"

事实上，在我们的日常生活中，之所以失败且平庸的人占多数，其主要原因就是心态有问题。一碰到困难，他们总是退却。结果使自己陷入失败的深渊。成功者却正好相反，他们一遇到困难，总是始终如一地保持积极的心态。他们总是以"我要！""我能！""我一定行！"等积极的念头来不断鼓励自己。于是，他们便能尽一切可能，不断前进，直至走向成功。伟大的发明家爱迪生就是这样一个人，他是在经历了几千次的失败后才最终成功地发明了电灯。

成功的人大都以积极心态支配自己的人生，他们始终以积极的思考、乐观的精神和辉煌的经验来支配和控制自己的人生；失败的人则总是被过去的种种失败和疑虑引导支配，他们悲观失望、消极颓废，因而最终走向了失败。以积极心态支配自己人生的人，总是能积极乐观地正确处理遇到的各种困难、矛盾和问题；以消极心态支配自己人生的人，总不愿也不敢积极地解决所面对的各种问题、矛盾和困难。

我们经常听人说，他们现在的境况是别人造成的，是环境决定了他们的人生位置。这些人常说他们的想法无法改变。但事实上不是这样的，他们的境况根本不是周围环境造成的。说到底，如何看待人生，完全由我们自己决定。

总而言之，成功的要素其实掌握在我们自己手中，成功是积极心态的结果。我们究竟能飞多高，并非完全由其他因素决定，而是由我们自己的心态所制约的。我们的心态在很大程度上决定了我们人生的成败。

积极的态度虽不能保证让你心想事成，但它肯定能改变你的生活方式，坚持消极的态度只有一个结局，那就是失败。要让自己充满正面的能量，对抗生活中的种种难题，那就要努力培养积极的心态。下面是一些培养积极心态的方法。

1. 心怀必胜的信念

卡耐基说过:"一个对自己的内心有完全支配能力的人,对他自己有权获得的任何其他东西也会有支配的能力。"当你开始运用积极的心态,把自己想象成为一个不拖延、高效、出色地应对一切问题的人时,你就已经开始在朝着这个方向走了。

2. 立即行动不拖延

拖延是消极心态最明显的表现。尽管在疲倦、沮丧或者愤怒的时候,中断工作比勉强继续要好一些,可实际上,拒绝拖延并没有对合理的等待提出异议。要知道,真正优秀的人不会为拖延找任何借口。当你有了拖延的想法时,立即告诉自己,我要马上行动,并真的这样去做。这一点也是我们在书中反复强调的。

3. 用积极的言行感染他人

当你的心态和行动逐渐变得积极时,你会慢慢获得一种美满人生的感觉,目标感也会越来越强烈。很快,别人就会被你吸引,因为人都喜欢与充满正能量的人在一起。运用别人的积极响应来发展积极的关系,是非常奏效的办法,而且你也能够通过帮助别人获得正能量。

4. 常用自动提示语

只要能够激励你积极思考、鼓励你积极行动的语言,都可以作为自我提示语。当你经常运用这些提示语的时候,它们会成为你思想的一部分,潜意识也会映射到意识中来,让你用积极的心态来指导行动、控制情绪。

比如，现在很多人都喜欢那句话："这都不叫事儿……"遇到难题想逃避、想拖延的时候，你就可以鼓励自己说："别怕，这都不叫事儿……"养成了习惯之后，每次遇到类似情形，你就会不自觉地产生这样的想法。

总而言之，不管你之前是什么样的人，或者现在是什么样的人，只要你保持积极的心态，凭借积极的思维，你就会变成你想成为的人。

全力以赴去做一件事情，并努力把它做好

拿破仑·希尔曾经说过："我成功是因为我志在成功。"这句话简单而又富有深刻寓意。成功的概率取决于你的信心程度，当一个人有了相信自己能够成功的态度后，就会从内心产生一种动力，这就会使他全力以赴去做一件事情，并努力把它做好。

生活中要做到全力以赴，难也要克服。说它难，是因为人都有惰性，往往我们不愿意使出十分的力气去做一件事，更何况是十二分，我们总是做着"差不多小姐"和"差不多先生"。对待生活，我们可以随意，没必要斤斤计较，但对待每一件事情，我们就要做到全力以赴，全力以赴是我们做事的态度。

而说它容易，那是因为如果你热爱一件事情，就会下决心去做好它，自然会有十二分的热情。你用这样的热情去做一件事就会全力以赴。全力

以赴是一种专注，而这种专注本身就值得敬佩与尊重。

张培豫是一位世界驰名的著名指挥家。在西方乐坛上，指挥这一行业是男士的世袭领地。张培豫却靠着超凡的实力打入欧洲乐坛，并出任德国卡塞尔歌剧院的首席指挥。

世界著名指挥家祖宾·梅塔称张培豫为"与生俱来的指挥家"。他说："我认为她在音乐上有无限量的才华和能力，并有足够的音乐经验足以领导一个高水准的乐团。"指挥家小泽征尔、马泽尔·罗林也极其称赞她很有才华。

张培豫极其敬业，她的敬业精神是出了名的，她曾创下一个月内指挥三场高水平音乐会的记录，也曾在不到半年时间内指挥过八场演出。

《人民音乐》杂志的一篇文章形容她：像一架上满发条的钟，在不停地转着、走着。

张培豫对乐队要求以严格而闻名，但她最苛刻的还是对待自己。她有一种为了艺术可以不顾一切的精神。

青年时代的张培豫只是台湾地区的一名乡村女教师，她因教导有方，率团三次夺取台湾地区中部小学合唱比赛冠军而小有名气。一次演出前，她摔伤了，医生嘱咐她必须静养，她却坚持打着石膏参加了排练和演出。一位观看演出的台湾地区教育奖学金评委目睹此景，深为感动，极力为她申请赴奥地利留学的奖学金，使她实现了到音乐之国求学的夙愿。

119

张培豫的敬业精神，不仅为她赢得了走向音乐事业的重要机遇，也是她事业取得成功的根本。

在北京指挥贝多芬专场音乐会之前，她突然生病了，大家都担心她是否会推迟演出，熟悉她性格的大提琴家司徒志文却说："只要不倒下，她会不顾一切地坚持演出。"

果真，她最后如期而至，并且执棒的曲目还是力度最大的贝多芬第五交响曲《命运交响曲》。

一个月后，在指挥另一场演出时，上台前她一直头疼，吃了几片止痛药，她就又出现在指挥台上。她说："本来我可以节省点儿力气，但我对音乐一向是全力以赴。"

张培豫曾对记者说过这样一段话：

"音乐与我的心结合在一起，它是从我的心里流出来的……当我把音乐作好，我就得到了最大的满足，这是我生活的目标，也是我从事指挥的意义所在。

"我热爱音乐，太热爱了！没有任何其他的事情可以超越它，也没有任何其他的事情能够让我如此投入。哪怕我走得再艰辛，我也不会放弃。"

这一番肺腑之言足够引起我们的沉思。张培豫全力以赴的精神使她从一个普通的乡村女教师登上了德国卡塞尔歌剧院首席指挥家的宝座。这其中，对音乐的忘我精神，和音乐融为一体，并为了音乐可以牺牲自我的精神,起着至关重要的作用。音乐是她的全部,她的一生就是一场接着一场的精彩音乐会。

全力以赴可能是我们大部分人都会向往的一种状态,但事实是大部分人口头上说着要全力以赴,行动过程中确是半途而废,总是用各种各样的理由来搪塞自己,比如,早起不成功是因为晚上睡晚了,上班迟到是因为路上塞车,等等。而人生路上的全力以赴需要我们对自己的人生负责,那么,到底该如何做到这一点呢?

1.做到对得起自己作出的每一个决定。

每天给自己定小目标,可以是一个,也可以是两个,因为是刚刚开始,可以把目标定得小一些,在自己完成一个又一个的目标时,最终不但能提升自己的能力,而且会让自己的生活变得更好,工作能力也会逐步提升。

2.不要羡慕他人的轻松生活。

他人的生活好坏,说实话跟自己没有多大关系,尤其是在羡慕他人生活的过程中,我们往往会迷失自己,从而让自己变得迷茫,最好的方法是朝着自己的目标出发,去一点点实现自己的愿望,不要怕晚,要相信自己想过的生活终究会到来。

3.用心付出,肯定会有回报。

付出和回报一定是成比例的,就好像输出文字来写作,如果没有接收新的知识,那么,写出来的文字会越来越枯燥。因此,多付出一点,耐心等待，你要的回报终究会来。

4.在日常生活中坚持读书和锻炼。

读书是补充知识的最好方式，除非有更好的方式，那可以适当减少一些。而锻炼就更是如此，保持身体肌能健康是非常重要的，不锻炼健康状况只会越来越差，运动会带给自己的无限魅力。

第8章　发挥时间的最大效能

盘活那些碎片时间

随着时代的进步，人们对时间的意识和控制也越来越强，拖延者们也在努力寻找自己做事效率低下的症结所在。但无论如何，善于管理时间的人绝对不会浪费每一分钟。实际上，那些常被拖延者忽视的零碎时间，如果能将它们串联起来，是能发挥很大的效用的。从某种意义上来讲，生命的价值就体现在所谓的零碎时间中。可以这样说，能够掌握好自己时间的人，也能掌握自己的前途。

时间是由那些最小的单位构成的，那一秒一秒就是你生命的碎片，需要你不断地去收集，最后才能形成一个整体生命。如果不注意收集时间的碎片，那么，你就不会拥有完整的生命，也就不会取得任何成功。

我们每天的生活和工作中都有很多零碎的时间，如果有人约你一起吃饭而迟到，这时你只能等待；或者你到修车厂去而车子无法按约定时间交付；或在银行排队而向前移动的速度慢时，千万不要把这些短暂时间白白耗掉，完全可以利用这些时间来做一些平常来不及做的事情。

卡尔·华尔德曾经是爱尔斯金（美国近代诗人、小说家和出色的钢琴家）的钢琴教师。有一天，他给爱尔斯金教课的时候，忽然问他："你每天要练习多长时间钢琴？"

爱尔斯金说："每天大约三四个小时。"

"你每次练习，时间都很长吗？是不是有个把钟头的时间？"

"我想这样才好。"

"不，不要这样！"卡尔说，"你将来长大以后，每天不会有长时间的空闲的。你可以养成习惯，一有空闲就几分钟几分钟地练习。比如，在你上学以前，或在午饭以后，或在工作的休息余闲，5分钟、5分钟地去练习。把小的练习时间分散在一天里面，这样一来，弹钢琴就成了你日常生活中的一部分了。"

14岁的爱尔斯金对卡尔的忠告未加注意，但后来回想起来真是至理名言，其后他得到了不可估量的益处。

当爱尔斯金在哥伦比亚大学教书的时候，他想从事创作。可是上课、看卷子、开会等事情把他白天和晚上的时间完全占满了。差不多有两个年头，他不曾动笔，借口是"没有时间"。后来，他突然想起了卡尔·华尔德先生告诉他的话。到了下一个星期，他就按卡尔的话实验起来。只要有5分钟的空闲时间，他就坐下来写作，哪怕100字或短短的几行。

出乎意料，在那个星期的终了，爱尔斯金竟写出了相当多的稿子。

后来，他用同样积少成多的方法创作长篇小说。爱尔斯金的授课工作量虽一天比一天繁重，但是每天仍有许多可供利用的短短余闲。他同时还练习钢琴，发现每天小小的间歇时间，足够他从事创作与弹琴两项工作。

大凡做事有理想的人，大都能做到合理地利用时间，让时间的消耗降低到最低限度。《有效的管理者》一书的作者杜拉克说："认识你的时间，是每个人只要肯做就能做到的，这是每一个人能够走向成功的有效之路。"据有关专家的研究和许多领导者的实践经验，人们可以从以下几个方面驾驭时间，提高工作效率：

1. 善于集中时间

千万不要平均分配时间，应该把你有限的时间集中到处理最重要的事情上，不可以每一样工作都去做，要机智而勇敢地拒绝不必要的事和次要的事。

一件事情发生了，开始就要问："这件事情值不值得去做？"千万不能碰到什么事都做，更不可以因为我没闲着，没有偷懒，就心安理得。

2. 要善于把握时间

每一个机会都是引起事情转折的关键时刻，有效地抓住时机可以牵一发而动全局，用最小的代价取得最大的成功，促使事物的转变，推动事情向前发展。

如果没有抓住时机，会导致"一招不慎，全局皆输"的严重后果。因此，取得成功的人必须要擅长审时度势，捕捉时机，把握"关键"，做到恰到"火候"，从而赢得机会。

3. 要善于协调两类时间

对于一个取得成功的人来说，存在两种时间：一种是可以由自己控制的时间，我们叫做"自由时间"；另外一种是属于对他人他事的反应时间，不由自己支配，叫做"应对时间"。

这两种时间都是客观存在的，都是必要的。没有"自由时间"，完完全全处于被动、应付状态，不会自己支配时间，就不是一名成功的时间管理者。

可是，要想绝对控制自己的时间在客观上也是不可能的。没有"应对时间"，都想变为"自由时间"，实际上也就侵犯了别人的时间，这是因为每一个人的完全自由必然会造成他人的不自由。

4. 要善于利用零散时间

时间不可能集中，常常出现许多零碎的时间。要珍惜并且充分利用大大小小的零散时间，把零散时间用来去做零碎的工作，从而最大限度地提高工作效率。

5. 善于运用会议时间

我们召开会议是为了沟通信息、讨论问题、安排工作、协调意见、作出决定。很好地运用会议时间，能够提高工作效率，节约大家的时间；运用得不好，则会降低工作效率，浪费大家的时间。

时间对每一个人都是平等的，关键看你怎么用。会用的，时间就会为你服务；不会用的，你就为时间服务。

每个人都应养成习惯，把空闲时间集中起来，做些有意义而且自己又觉得很有意思的事。如果你在空闲时间内学习、研究，那么，这个习惯将改变你自己、改变你的家庭。

"二八定律"时间管理法

19世纪意大利经济学家帕累托发现：80%的财富掌握在20%的人手中。从此这种20／80规则在许多情况下得到广泛应用。其意为在一个特定的组群或团体内，这个组群中较小的一部分比相对的大部分拥有更多的价值。在时间管理中的优先顺序里，也有一个帕累托时间原则，也称为20／80法则。

什么叫作"20／80时间管理法"呢？简单描述即是：假定工作项目是以某价值字列排定的，那么，80%的价值来自20%的项目，而20%的价值则来自另外80%的项目。也就是说，工作和生活中，一些只占比例20%的事情，最后可能得出80%的成效，能够以80%的成效决定事情的结果；而另外占据比例80%的事情，虽然看上去很重要，但完成它们最终只会创造20%的效益，以20%的效益决定着事情的成败。

清楚了 20／80 时间管理法的定义后，我们很容易就能得到它给我们的启示：在做事情之前，要先将事情的各个要素做出比较，总结出哪些属于创造"80％"价值的范畴，哪些只有"20％"的重要性。划分好之后，我们就要优先做那些更重要的事情，把最好的精力放在解决这些问题上，完成好它们，就相当于做好了整件事情的 80％，然后再做剩下的 20％，这部分只要细心，就能把事情完美解决。这个方法其实很像哲学上讲的抓住事物的主要矛盾，如果你看不清楚事情的关键在哪儿，只忙那些无关紧要的部分，那么，最后你可能花了很多时间，却对事情没有丝毫帮助。

余锋就职于一家图书公司，主要负责历史类书籍的编写。这个月，余锋的任务是将《史记》中有代表性的故事挑选出来，改写成现代文。这看起来并不困难，但实际上难做的部分在于出版社事先给出了一份目录，让余锋按照这份目录来选文，目录分得特别细致，每章都有各自的具体要求，这就使得筛选文章成了一个比较困难的事情。余锋看到了这一点，但他还是觉得，书籍编写得好不好，主要看文笔。

于是，他在描写和叙事上非常下功夫，并不注重找文章。结果导致他常常写完一个，下一个又没有着落了；有时写完一篇故事，发现下一章的主题更加适合这一篇，于是又重新改动文章，让主题变得准确。这样写了一周后，余锋只写了全书的十分之一。这与公司规定的进度相差很远。

眼看交稿时间越来越近，余锋有点儿着急了。实在没办法，他找到主编说出自己的苦恼。主编给他的建议是，先根据每章的目录要求来选《史记》里的文章，找出规定数量的文章，并且拟定标题，放到各个章里。虽然前期找资料要花去很多时间，但却可以减小放错主题的错误率。而且，找文章是这本书的重中之重，文章找得合适，后面进一步撰写工作将会特别省力、省时。

余锋听取了主编的建议，立刻改变了做事方式。果然，他很快就将文章全部找齐，然后进入了撰写环节。这次，他在写的时候发现，原来犹豫不确定的障碍消失了，效率大大提高。

倘若我们在做事的时候，在自己的时间分配中植入经济观念，那么，我们就会发现时间管理其实与理财是一样的。所以，我们在工作过程中，仅仅将自己要完成的任务罗列出来，然后再去完成，这样的做法并不能取得最佳的效果。倘若我们让自己的工作取得更大的成绩，那就应该对自己的时间进行一个合理地分配，将时间用在重要的事情上，要抛开那些低价值的活动，将时间投入到高价值的活动中去。这就是我们通常所说的"好钢要用在刀刃上"。

那么，如何才能把握住那关键的20%的时间呢？这就要说到"四象限法则"了。它是著名管理学家柯维提出的一个时间管理理论，即把工作按照重要和紧急两个不同的标准进行划分，基本上可以分为四个象限：紧急又重要、重要但不紧急、紧急但不重要、既不紧急也不重要。我们每天要面对的事情，全部包含在这四个象限中。下面，我们就这些情况逐一进行分析。

1. 紧急又重要的事。

这类事情是你的当务之急，是必须马上要解决的。它们可能是你实现目标的关键因素，也可能与你的生活息息相关，比其他任何一件事都值得优先处理。唯有先把这些事合理高效地解决掉，你才有可能顺利地进行其他工作。

2. 重要但不紧急的事。

处理这类事情，需要具备主动性、积极性和自律性。可以这样说，一个人能否正确地处理这类事情，取决于他对事业目标和进程的判断能力。生活中，大多数较为重要的事都不是很紧急，比如，培养感情、节制饮食、读几本有用的书。这些事情关乎着我们的家庭、健康、个人学识，当然是重要的，但它们并不紧迫。也正因为如此，很多时候我们才一直拖着。直到有一天，影响到了工作和生活，才后悔当初为何没有早点重视，早点解决。

3. 紧急但不重要的事。

这类事情在生活中很常见。比如，你刚刚准备埋头工作，突然间电话铃响了，是你的朋友约你去看电影。你不好意思拒绝，就只好放下工作跟他去了。等回来后，你觉得很累，看见桌子上的工作资料，才发现重要的事情还没做。可这时候，你的思绪已经不在工作上了，需要一段时间缓冲才能进入工作状态。工作中很多任务被拖延，就是因为这些紧急但不重要的事情的干扰。

4. 既不紧急也不重要的事。

从字面意思可以看出，这些事情既不紧急也不重要，那就不值得花费时间去做。一个人的时间和精力是有限的，这样的事能不做就不做。比如，看电视、玩游戏。如果确实需要做，那就必须限定时间，比如，写博客限定一小时，看电视一小时，时间一到就马上停止，不要让这些无聊且无关紧要的事缠住。

了解了事情的分类之后，就知道该把主要的精力放在哪儿。很多人在1和3之间徘徊，误以为紧急的事就是重要的事。事实上，如果紧急的事对于完成某项重要的目标没有丝毫帮助，那就要把它放在紧急但不重要的事中。举个简单的例子：住院开刀，这是紧急又重要的事，必须在最短的时间内完成，这有助于健康；如果是朋友邀约马上出门逛街，确实紧急，可它并不太重要，对你完成工作丝毫没有益处，那它就算不上重要的事。

一般来说，紧急且重要的事不会花费太长时间，比如，打一个重要的电话，发布一个重要的通知。真正耗费时间和精力、容易导致人拖延的，是那些重要但不紧急的事。它们通常是一个长期的规划、一项长远的目标，我们要把时间重点放在这些事情上。如果不能合理利用时间，那么到最后，这些事就会上升为重要又紧急的事，而到了这种时候，由于时间紧张就很难保证按时完成任务，这无疑会给自己带来巨大的麻烦。

利用好你的空闲时间

有人说，管理时间等于管理生命。若不能管理时间，就什么都管理不好了。假如失去了财富，可以努力赚回来；假如失去了知识，可以再学。健康也能够靠保养与药物来获得，但时间却是一去不返。最稀有的资源即时间。我们都要学会做时间的主人，尤其是那些拖延者，善用时间尤为重要，而要做到这一点，首先就要学会最大限度地利用空余时间。其实，如同"小额投资，足以致富"的道理一样，利用空余时间也是提高做事效率的捷径。

我们的生活和工作中有很多空闲时间，上下班等公车的时间、坐公车的时间、等餐的时间、会议开场前的时间、与人相约等候的时间，等等。这些时间看似毫不起眼，但只要你做个试验就可以发现，这些时间是相当庞大的。

一位销售人员曾经将自己全天工作中的空闲时间统计下来，放到网上，得到了大家的关注：

7:40 等车加坐车的一个小时的时间：计划今天应该给哪些客户拨打回访电话。

8:50 抵达公司打开电脑的两分钟时间：制定一天的工作计划。

等待快递的十分钟内：想好回复客户邮件的内容。

开小组会议之前的时间内：浏览一下会议流程、构思发言内容。

午休等餐十分钟：计划下午应该拜访客户的名单。

下午 15:00 等待客户的五分钟内：想好要见客户的说辞。

16:30 拜访客户返程的路上思考：为什么这次客户没签单，今后应该怎样改进。

16:50 返回单位的路上：制定第二天的工作计划，回访电话名单和拜访名单。

从这份全天的工作行程中，我们很容易发现：销售人员用空余的时间做了很多重要的事情，比如，制定工作计划、拜访客户的名单和说辞等，可以说这些都是关乎销售人员业绩的关键步骤，而这位销售人员却是利用空闲时间来完成。

你现在是否非常惊奇，原来这些空闲时间可以释放如此大的能量。也许从前的你对这些空闲时间非常轻视，认为它们毫无建树，在你的观念里，它们成了"鸡肋"，用它们做事不会有什么大作为；放任它们也不会有什么大碍。事实上，只要利用得当，小小的空闲时间好比是可以撬动地球的那根杠杆一样，起着关键的作用。那么，这些空闲的时间能带给我们什么呢？

第一，你可以利用这些时间蓄势待发。我们的工作像是打仗，每时每刻都在冲锋陷阵，只要稍不留神就丢失了上万元的生意，也许一打盹儿的功夫，同事的业绩就远远超过自己了，失去任何一个机遇就与成功擦肩而过……于是我们像上了发条一样，无时无刻不在拼命奋斗，这固然可以帮助我们实现抱负，却使我们感到身心俱疲。

当你身心俱疲的时候，难道你不想利用开会的间隙小憩一下吗？要知道闭目养神也能够积蓄能量，目的使自己在接下来的工作中更加精力充沛。

第二，可以利用空闲时间获取知识。竞争与我们的成功如影随形，在公司里每个人都要强调自己的不可或缺性，要做到在单位必不可少，我们势必要拥有别人没有的能力，这就需要我们增加知识储备，在空闲的时间内获取知识是一个不错的选择。

国外一家研究效率的机构研究发现：我们每个人集中注意力的时间非常短，平均只有 25 分钟的时间。不可否认的是，这 25 分钟非常短，但是用这 25 分钟时间来读书，吸收知识的效果也非常好。所以，我们每天应该拼凑一些空闲时间，来增加自己的知识储备。

别告诉我你没有 25 分钟的时间，要知道一天 24 个小时，难道你连 25 分钟的时间都没有吗？如果连 25 分钟的空闲时间你都要吝啬的话，你又怎能在职场上获得比别人更多的机会呢？

第三，利用空闲时间记账，是一个不错的选择。无论你是一位高级白领还是工作在第一线的工人，理财都是你生活中必不可少的一项活动，谁不想自己越来越富有，拥有更高的生活质量呢？记账永远是理财的前锋，不会理财是很难有理财规划的。记账不仅可以帮助你了解你的资金动向，对你制定理财计划更是非常有帮助的。

提起记账，大家都会觉得烦琐，其实不然。记账很简单，在空闲的时间就可以做得很完美。你可以随身携带一个本子，在等车、等餐、回复邮件的间隙，你都可以将一天的花销进行一个小结，晚上回家进行汇总，不会有忘记一天花销的情况发生。这样既简单，又很省力。此外，你还可以利用空闲时间来谋划自己的理财计划，是不是要变更一下自己的投资产品，等等。

第四，空闲时间可以帮我们反思。《劝学》一文中记载："君子博学而日参省乎己，则知明而行无过矣。"这句话告诫我们：应该每天检查反省自己一天的行为，这样才能变得智慧明达，行为不会有任何偏颇。

现代社会要求不仅要在工作上有所建树，更要会经营人际关系。但是即便我们再小心，都会有一些瑕疵，如果不加以改正便会对今后的生活、工作造成影响。这就需要我们反思，在反思的过程中吸取教训、总结经验，达到日臻完善我们工作和生活的目的。

要注意，很多人都习惯留一个特定的时间来思考自己行为中偏颇的方面，错误地认为这样才会有很好的效果。可实际上很多时候当时犯错如果没有记录，过后就会忘记的。所以，利用空闲时间来反思，是完善自己行为的最佳时间。

第五，利用时间的"边角料"来制定工作计划。在忙忙碌碌的工作状态下，我们总会出现丢三落四的状况：忘记给张总打电话敲定拜访时间，怎么没有给人事部老陈打电话商量招聘事项，会计部要的报表还没有绘制好……制定工作计划只需要我们在手边准备一张便签，以便我们随时记录待办事项。

如果你不想时间在你的眼皮底下偷偷溜走，那么，请充分利用空闲时间吧，空闲时间可以帮助我们创造更多的财富！

折叠时间，别让它们掉进黑洞

所谓折叠时间，是指在相同单位时间里面，同时处理多件事情。这里并不是让你"一心二用"，而是合理搭配不同的事情，放在同一时间来完成。比如，早上出去跑步的时候，可以先听听喜欢的书，然后一边跑步一边参加线上的会议，需要发言时，暂时停下来发言，你看，两个小时之内，如果只是跑步，那就只是一件事，而在这个时间段，同时把听书和参加会议两件事一起做了，这就是折叠时间。这是进行时间管理的一项基本功。

许多拖延症患者害怕并讨厌时间管理，因为这会让他们想起自己为了提高效率曾做出的失败尝试，并体验到无能为力的感受；随着时间的流逝，它还可能会带来负罪感。但是，有效的时间管理可以减少担忧、逃避，是克服拖延的必要步骤和手段。通过制定切实可行的日程计划，你就不会在焦虑的支配下作出选择，也不会诉诸无效的方法，进而提高时间管理技能，预防拖延。

生活中，经常会听到有人抱怨说自己的时间不够用，事情太多，工作太忙，等等。这些人虽然看起来每日忙得不可开交，可是他们没有取得什么成果。关键是他们在做事的时候没有真正让自己的时间发挥出作用。所以，到头来还是"时间的穷人"。其实，我们要将事情做好，就离不开对时间的有效管理。

每个人的时间都是差不多的，但是，在相同的时间里，有些人能够做很多事情，效率很高，而另一些人却只能做极少的事情，没有效率。就好像时间对有些人长，对另一些人短。其实时间的长短，是由人怎样利用决定的，即在同样的时间里，有的人做的事多，有的人做的事少，这样时间就有了长短的区别。

但是，无论是总统、企业家，或是工人、乞丐，每个人的一天都只有 24 小时，这是上苍对人类最公平的地方。虽然如此，但就有人有本事把一天的 24 小时变成 48 小时来用。这不是神话，而是事实。

在古埃及有一个美凯利诺斯法老，是一个非常善良的人，也是非常相信神灵的人。可是，有一天，从布兴市来了一个人，说他还有六年的寿命，第七年就一定会死。于是，他就去质问神灵，得到明确的答复后，他就下令制造了许多烛灯，每天晚上就点起灯来，饮酒作乐，打算通过这种方式把黑夜变成白天，把六年的时间变成十二年，以此来度过人生。

其实，每个人之所以争取时间就是为了多做些有意义的事情，如果这样度过人生，那么，多余的时间又有什么用呢？

现代人追求时间，就是追求效益，追求在有效的时间内做更多的事情，从而使自己的人生丰富多彩，能够充分实现人生价值。

有这样一位成功人士，他每天早上5点起床，先做早操，然后吃早点、看报纸，接着开车去上班，车上听的不是路况报道，而是语言录音带，有时也听演讲录音带。由于早出门，因此不会塞车，到达办公室的时间差不多是7点半，他又用7点半到9点这段时间把其他报纸看完，并且做了剪报，然后，准备一天上班所要的资料。午饭后小睡30分钟，下午继续工作，到了下班，他会利用一个多小时看书，在晚上7点左右回家，因为不堵车，半小时可回到家吃晚饭。在车上，他仍然听录音带。吃过饭后，看一下晚报，和太太小孩聊一聊，便溜进书房看书、做笔记，一直到夜里11点上床睡觉。

他和别人不一样的地方在于，他一天做的事情是别人两天才能做完的。显然，他的成就超越了同龄人。其实他也没什么法宝，他只是不让时间白白地流逝罢了。而要让时间流逝是很容易的，发个呆，看会儿电视，打个游戏，一个晚上很容易就打发了。

如果天天如此，一年、两年很容易就过去了，你的成就和别人一比，就明显有了差距。因此，你有必要让每一分钟每一秒钟发挥最大的效益。做到这些其实并不难，把你的时间做个规划，按不同的情境来批量处理相同情境的事情，这样就会发挥单位时间的最大效能。

比如，学校上课都有功课表，其实这就是最基本的时间规划，你也可参考这种方式，把自己一天当中什么时间要做什么事列成一张表，合理搭配。比如，你在家做清洁的时候，可以同时听音频课或者会议录音，你在外出的时候同时可以取快递和采购食物，批量打电话，批量回复信息，等等。

如果你想创造成功人生，事业上有所作为，你就必须及时训练自己利用时间，追求时间的效用，学会折叠时间，把二十四小时变成四十八小时。时间的延长，也意味着生命的延长。别人活一百岁，你就能活二百岁，你比别人多活了一辈子。别人两辈子才能做你一辈子的事情。

从一分一秒做起

雷曼曾经说过一句话："每天不浪费、不虚度、不空抛的那一点点时间，即使只有五六分钟，如得正用，也一样可以有很大的成就。游手好闲惯了，就是有聪明才智，也不会有所作为。"

很多时候，拖延的人会不自觉地浪费时间，就是因为他们轻视了积累的力量。比如，想完成一项目标，只记得大致的时间限制，如要在半个月之内完成，于是就想着："现在时间还多。"心理上的松懈让他们开始了拖延。可真到了着手做的时候，才发现看似大把的时间，用起来实在不够。而且，一旦压力剧增时，心理上还会产生厌恶的情绪，很难保证目标能够顺利完成。

细想起来，这跟存钱也是一样的道理。你告诉自己："我到年底要存下 1 万块钱。"一年时间是你定的期限，但要如何凑齐 1 万块钱呢？这需要每个月存一点，慢慢地积累。每个月的钱如何存下来？这需要靠每天计划消费。如果每天能存下 30 块钱，一个月就是 900 块钱，一年下来就是一万多块钱。如果平日里不想着节省，非要等到临近最后期限了，再想着凑够一万块钱，那就困难多了。

时间和金钱一样，要想积少成多，需要平时的努力。我国伟大的文学家鲁迅曾经说过："我哪里是天才，我是把人家喝咖啡的时间都放在学习上罢了。"正所谓一寸光阴一寸金，要珍惜时间，要有所作为，就需要从珍惜一分一秒做起。

曾经有一个年轻人，希望哲人能给他指一条光明的道路。年轻人对哲人说："我至今仍一无所有，我找不到自己的人生价值。"

哲人摇摇头，对他说："我并不觉得你比别人差啊，因为你所拥有的时间和其他人都是一样的。每天时间老人在你的'时间银行'里同样存下了 86400 秒的时间。"

年轻人听后，苦笑着说："这有什么用呢？它们既不能被当作荣誉，也不能换成一顿美餐……"

没等年轻人说完，哲人打断了他的话，问道："难道你不觉得时间有用吗？那你不妨去问问刚刚延误飞机的乘客，一分钟值多少钱？或者去问一个刚刚从战场上回来的'幸运儿'，一秒钟值多少钱？最后，你去问一个刚刚与金牌失之交臂的运动员，一毫秒值多少钱？时间是最最宝贵的财富，你应该在生活中学会合理支配自己的时间。"

哲人继续说："你只要明白了时间的珍贵，在自己的工作和生活中不浪费一分一秒。为了让你的时间得到更好的利用，你应该给自己制定一个时间表。在这张表里安排清楚每天需要做的事情，大概做好每件事需要多长的时间。先做出这样的预算。这样在执行的时候就有了标准。这样一来，你脚下的路便会慢慢变得明朗起来。因为你每天都拥有86400秒的时间可以支配。"

一分钟是一个前提，也是一个基数。正是有了这一分钟的存在，才有了开始，才有了以后千千万万分钟的延续；也正是有了这一分钟，才有了改变许多事情的机会。

教育家班杰明就曾利用一分钟的时间给一个向往成功、渴望指点的青年人指明过方向。一日，班杰明接到这个青年的求救电话，并与他约定了见面的时间和地点。当青年人如约而至时，班杰明的房门大敞，只见班杰明房间里乱七八糟、狼藉一片，眼前的景象令青年人颇感意外。

班杰明看到年轻人，先打招呼道："你看我这房间，太不整洁了，请你在门外等候一分钟，我收拾一下，你再进来吧。"他一边说着一边轻轻地关上了房门。

年轻人在房门外等了不到一分钟，班杰明打开了门，并热情地把青年人请进客厅。此时，年轻人眼前看到的是另外一番景象，之前房间杂乱的景象不见了，一切变得井然有序。桌子上有两杯刚倒好的红酒，淡淡的气息里还漾着微波。

没等年轻人向班杰明诉说自己在生活和事业上遇到的难题，班杰明非常客气地说道:"干杯,你可以走了。"

年轻人手持酒杯略显尴尬,有些遗憾地说:"可是,我……我还没向您请教呢……"

班杰明微笑着扫视着自己的房间,轻言细语地对年轻人说:"这些……难道还不够吗?人生的关键是要利用好自己的时间,不要小看一分钟,不要觉得一分钟做不了多少事。要先把自己对待时间的观念转变过来,你看看,在这一分钟里所做的事情也不少吧。做事就要有强烈的时间观念。哪怕是一分钟的时间,在关键时刻都能起到举足轻重的作用。"

"一分钟……一分钟……"青年人若有所思地说,"我明白了,您让我看到了一分钟的时间可以做很多事情,可以改变很多事情。我以后做事,一定会注意的。因为一分钟的时间也不能小看。提高工作激情,学会分秒必争,这对高效用时非常重要。"

班杰明笑着点了点头,年轻人把杯里的红酒一饮而尽,向班杰明连连道谢后,开心地走了。

如果你看不到一分钟的宝贵,时间就会像风一样从你身边溜走,给生活留下一片苍白;如果你懂得珍惜眼前这一分钟,让每一分钟都给生活涂上一抹色彩,那么,你的人生自然就绚丽起来了。

时间是"计划"出来的

计划做好了,这就相当于成功了一半。在工作中,学会合理地安排工作内容,其主要目的就是战胜拖延,提高自己的工作效率,从而为自己的生活创造更多的时间,让工作与生活的其他方面取得平衡。

对我们而言,时间并不是白白送给我们的,而是自己挤出来的。我们应该学会怎么为自己创造更多的时间。

在我们的日常工作中,许多人都有这样的体会:当我们在结束一天的工作整理好自己办公桌上的东西,然后将第二天的工作安排好再离开,这会对我们第二天工作的顺利开展有非常重要的作用。虽然我们可能只需要花几分钟的时间就可以完成明天的工作安排,但这几分钟是非常值得付出的。当我们养成了这个好习惯,第二天到办公室时就会觉得一切都井然有序。即使我们可能在连续一个月的时间里都在做一个项目,那我们也应该在每次下班前把文件整理好,同时将目前工作中暂时并不需要的各种书籍、文件夹、笔记和其他各类材料都进行整理归类,为自己第二天继续工作创建一个整洁有序的工作环境。

我们在每天下班之前,都应该花几分钟时间对自己第二天早晨的任务做个安排，一定要认真思考，要确定我们已经把所有的因素都考虑到了，这样我们的工作才有可能达到自己的预期效果，可以使我们在第二天上班时快速地进入工作状态。你将各种工作按轻重缓急的次序排好，写到记事本上放到桌子的中央，这样早晨到单位后各项任务一目了然。

这样长期坚持会有以下益处：

第一，我们通过回顾自己一天所做出的成绩，就能让自己有机会对完成的任务作出评价。倘若想想自己已经完成的任务，我们就会心情愉快。这种来自工作的成就感与满足感会让我们在第二天的工作中精力充沛、干劲十足，对于我们保持良好的精神状态有很大的好处。

第二，当我们对自己当天的工作进行整理的时候，我们就会给大脑传输了一个信号，那就是今天的工作已经圆满结束。不要让那些无尽的忧虑来剥夺我们的整个晚上，甚至在深夜侵蚀我们的思维，让我们无法入睡。

我们能在下班之前对自己当天的工作做个整理，那么，第二天的工作就会有一个好的开始。第二天的我们能立刻进入良好的工作状态。而且，昨天已经对今天的工作做了计划，也就不必再费时考虑今天应该做什么。

第三，我们在下班之前对自己当天的工作进行总结和评价，并且为第二天的任务做出计划和安排，这样其实能激发我们的潜意识，让我们为下一步的工作先做好精神上的准备，能够精神饱满的开始第二天的任务。

第四，我们应该给自己的工作定一个期限。每天，我们都应做到在规定的时间内完成规定的任务，在分配时间的过程中，一定要调动我们的智慧，对自己的时间做一个合理的预算。如果我们的工作计划做得细致而且科学，那么，我们在工作时就不会出现手忙脚乱的现象，也不会让心理产生过重的压力。

高效利用"黄金时间"

很多人不了解自己的黄金时间，总是胡子眉毛一把抓，在最好的时间里打一些不太重要的电话，回复一些不重要的邮件，白白浪费了黄金时间。等到有重要的事情要做时，已疲惫不堪，精力完全顾不过来了。于是一天下来，工作倒是不少做，只是效率并不是很高，下班后只能是加班加点，忙到很晚。

同样的情况，有些人就很悠闲。他们倒也不是具备什么超能力，而是善于总结和计算，善于管理自己的时间。在黄金时间来临时，他们会紧紧抓住时机，灵活地运用自己的能力，在合适的时间，做合适的事情。在同样的时间里，做出比别人更多的事情来。

柳比歇夫是苏联著名科学家。他的一生可谓是硕果累累的一生。发表的学术著作达到70多部，涉及的内容非常广，包括了遗传学、科学史、昆虫学、植物保护、哲学等领域。

在他所取得的这些成就中，有很大一部分都要归功于他的那本"时间记录册"。在他的时间记录册里，他每天的各项活动，无论是工作还是休息、读报、看戏、散步等，所用的时间全部记录在案。甚至有人找他问话，让他帮忙解释问题的时间他都会在纸上做记号，记住具体花了多少时间。他的每项工作，比如写一篇文章，看一本书等等，不管自己做了些什么事，每件事花费的时间都算得非常清楚。

柳比歇夫从1916年元旦开始对自己所用的时间进行统计。之后，他每天都会核算自己花费的时间。每天都会做一次小结，总结一下时间运用上的得失，每月做一次大结，年终做个总结，这样的工作一直持续到1972年他去世的那一天。

在这56年的时间里，他对记录自己的时间这件事从来没有间断过。每天无论做什么事情，他都会记下事情的起始时间，相当准确。

因为他对自己的所有时间都进行了记录，并且能随时对自己运用时间进行得失总结，所以，他的一生非常充实，为科学做出了巨大的贡献。

我们对待自己的时间就应该有柳比歇夫这样严谨的态度，及时对自己的时间安排做出总结，这样就能不断取得进步。

我们之所以会觉得没时间，就是因为在很多时候都不重视时间，浪费了时间也不思考不去改正，所以，就会让自己一直处在低效利用时间的恶性循环中。

为了详细说明这个问题，我花费了大概一个月的时间，对自己每天的精神状态、工作状态作了一个详细的分析和总结，并列出了自己每个时间段该做哪些事。"黄金时间表"的内容大致如下：

清晨，身体刚刚苏醒，大脑比较清醒。对一天的工作进行计划，获得一天中最重要的信息，并合理安排好自己的工作时段。

9点到10点之间，真正的黄金时期，思维飞速运转，大脑活跃，做一些重要的事情为宜。

10点到11点，思维逐渐达到高峰，身体处在最佳状态。这段时间不能放松自己，要把自己最好的姿态，贡献给最重要的工作。

11点到12点，身体有些疲劳，需要稍稍休息一下，饥饿感在逐渐袭来，可以回复一下邮件，整理一下资料，把昨天遗留的工作处理完毕。必要的时候，和同事讨论一下工作上的进程或者计划。

午饭过后，身体处于困倦状态，稍稍休息一下，适当调整自己，为下午的战斗打好基础。

14点到16点之间，身体已经恢复。要让自己冲锋在最前线，做一些高难度且复杂的计算，把全天工作最核心的部分加快速度处理完毕。这个时期的工作会体现出成绩和效率。如果能充分利用好这个黄金时段，那么，一天的工作进度基本上就有了保障。

17点到18点，精神疲劳，视觉疲劳，各种疲劳相继出现，不要做一些需要思考或者是难度太大的事，要让自己在精神上得到放松的同时，身体上继续为工作忙碌。让体力劳动暂时转移一下精神上的疲惫状态，既做到了劳逸结合，也没有耽误正常的工作。

晚饭后，可以静下心来整理一天的资料了。这个时间用来回顾最好不过了，可以写下工作总结和明天的日程安排。

要了解自己的生理状况并合理运用时间，即所谓的黄金时间，是一种快速获得高效率的必经之路。一天里最好的时间如果被充分利用，那么，这一天的效率就会比别人高出很多。

可惜的是，很多身在职场的人都没有留意到这一点，稀里糊涂地以为自己只是情绪化。殊不知是因为自己没把握住黄金时间。很可能在上午9点到11点的效率最高时段，却用来上网聊天了，等到下午想好好工作的时候，大脑却已经进入了疲劳期。如此一来，就等于没有把工作和生理恰到好处地结合起来，把最能创造价值的时间白白浪费了。这样导致的结果，自然就是低效。

其实，黄金时间任何人都有，而不是你有我没有，我有他没有。问题是，要学会找到属于自己的黄金时间，合理利用自己的黄金时间。

第9章 对抗干扰，保持专注

一次只专心做好一件事

我们都听说过小猫钓鱼的故事：

一天猫妈妈带着小猫到河边去钓鱼，看着调皮的儿子在前面走，猫妈妈叫住小猫语重心长地说道：

"猫儿啊，咱们今天一定要努力钓鱼才会有晚餐可吃，你知道吗？"

"我知道啦！妈咪，可是怎么努力啊？"小猫反问猫妈妈。猫妈妈眯起眼，笑着说：

"你还这么小，等你长大一些我再教你钓鱼的技艺，今天你只要一心一意地钓鱼就行了，千万不要三心二意。"

小猫对三心二意这个词语很是困惑，嘴上却说："知道啦！"

走到河边，猫妈妈叮嘱小猫："我们开始钓鱼吧，记住要专心致志啊！"说着便坐下来，开始钓鱼。小猫见状也坐了下来，可是，不一会儿心思就不在钓鱼上了。一只蜻蜓飞过湖面，小猫的注意力被蜻蜓吸引；一只蝴蝶飞过湖面，小猫想要去抓蝴蝶；一架飞机在天空划过，小猫站起身来，追着飞机跑了起来……

当太阳西沉之际，猫妈妈看着小猫空空如也的水桶，说：

"跟你说不要三心二意，你桶里什么都没有，晚上咱们吃什么啊？妈妈告诉你，一心一意地做一件事才会成功！"

故事里的小猫不能专心致志地钓鱼，结果一无所获。生活中的我们也会犯同样的错误，几件急事缠身的时候，总是不能一心一意，一件事一件事地做，总想一手抓，结果可想而知，必定是一事无成。

很多人之所以会拖延，除了懒惰等原因外，还有一个重要因素就是想得太多了。这一秒还在琢磨着怎么创意，下一秒就跳到了周末的游泳课。时常心不在焉，很难快速开始去做一件事，有时甚至根本不知道自己在做什么。

我们可以在开车的时候接打电话，看电视的时候剪指甲，也可以在开会的时候思考午饭吃什么，回复邮件的时候顺便讨论办公室趣闻……生活中和工作中的"一心多用"场景比比皆是，貌似并没有影响我们什么，但是，纽约心理教授乔治·H·诺斯拉普博士却表示：如果我们同一时间段内做几件事，会令我们产生心烦意乱的情绪，因为在一心多用之下，我们很难集中注意力，这样会产生压力。

法国侦探小说家乔治·西默农是现代高产作家之一。一次，一位记者采访他，询问他高产的原因，乔治·西默农是这样回答的："创作一本小说的时候，我必须做到与世隔绝，做到'三不'——不看信件、不接电话、不见客人，这样才能做到全身心地创作，作品才会精彩。"

乔治的成功正是源于只做一件事情，试想如果乔治在创作的时候什么事都会做的话，也许他就不会有精彩的作品问世。

心理学教授辛迪·勒斯蒂格通过实验发现，同时做很多事，并且做成功，几乎是不可能的，不断地转换任务会使效率降低将近四成。

"一次只做一件事"是解决工作效率低下的良药。

一个人的生命是有限的，如果我们的工作和生活总是被那些琐碎的、毫无意义的事情所占据，那么，我们就没有精力去做真正重要的事情了。

鲁迅先生当年在上海写作时，他给自己定下一条原则：除非有特殊的紧急事件要处理，否则，就要全身心地投入到写作之中去。他把所有的精力集中在一件事情上，为自己营造一个创作与高效率结合的工作环境。他每天一坐到桌子前，就不再想别的事，就算是手中的书稿已经写到最后结尾时，他也绝不会想着其他。这条原则伴随鲁迅专心致志地忘我工作，让鲁迅没有感觉到写作是一件枯燥无味的事情。他在上海近10年之间创作了大量的作品，《而已集》《三闲集》《二心集》等作品都是他在上海期间所完成的。当一个人专心致志于一件事情的时候，好像世界上就只剩下了这一件事。

一个人要想做好一件事情，就需要凝聚心神、心无旁骛，只有这样才能够最大限度地发挥潜能，而频繁地从一项工作转换到另一项工作的行为，则是一种浪费时间和精力的做法。

正是基于这个道理，人们在工作当中应该避免不必要的工作转换，要尽可能地把一件事情做好、做透、做到位，然后再去考虑下一件事。同时，当一个人在做完一件事的时候，往往会产生一种解脱感和满足感，甚至还会有一种成就感，这是一种非常好的心理状态，也是保证另一件事做好的必要前提。

避免在决策上浪费时间

拿破仑·希尔曾经说过："在你的一生中，你一直养成一种习惯：逃避责任，无法作出决定。结果，到了今天，即使你想做什么，也无法办得到了。"

遇到问题犹豫不决、拖拖拉拉、考虑得太多，往往会错过很多重要的东西。丹麦哲学家布里丹写过一则寓言故事：一头毛驴在干枯的草原上找到了两堆草，这明明是一件好事，可小毛驴却为此犯了愁：到底该先吃哪一堆草好呢？它左思右想，翻来覆去地琢磨，迟迟不去作选择，结果被活活饿死了。后来，人们就把决策时犹豫不决的现象，称为"布里丹效应"。

患有拖延症的人，往往都有决策困难症。我有一个叫罗莉的同事，做策划案要老板来选择，看电影也要别人选择，自己从来不敢做决策，十分畏惧失败和错误。像罗莉这样的有决策困难的人，他们犹豫不决，是不是跟感知时间的紧迫感和个人缺乏竞争力有关？

这样的问题，心理学家多年前就已经开始关注了。为此，他们还特意研究了犹豫不决的人和果断的人做事时的状况。实验是这样的：请习惯拖延的人和果断的人把一副纸牌中红色和黑色的纸牌分开，然后再把黑、红、梅、方四种牌分开，并记录他们完成任务的时间，以及给纸牌分类的准确率。与此同时，心理学家还让所有人在分牌的过程中，时刻注意白灯的情况，一旦白灯亮起，就要以最快的速度按下按钮。在进行了100次的实验后，心理学家要求所有参加者看见白灯亮了，就按下按钮；看到红灯亮起，就不按。

最后，心理学家得出结论：决策型拖延的人，在竞争力方面，并不比那些行事果断的人差，他们也可以有效地工作。当他们必须要作出决定时，在速度上与果断的人相比基本上是一样的，而且准确率也差不多。换句话说，拖延的人并不缺乏迅速作出决定的能力，而是他们自己选择了放慢速度。

时间其实是最公平的东西，只是每个人对它的利用率不同罢了。对于一个人来说，究竟是走向成功还是失败，就看他们能否在有效的时间内将收集到的信息有效加工和利用起来。能否作出正确决策，就在于能否获取真实、及时、有效的信息。

所以，我们必须养成识别有效信息的能力，这是一种不可或缺的能力。那么，信息究竟从哪里来呢？其实这可以是多方面的，包括同事、老板、亲戚、朋友等等，当然也可以从图书馆、报刊、书籍、网络等方面获得。当我们掌握了有效的信息，才能掌握时间，提高工作效率。

在《万恶的拖延症》一书中，作者谈到频繁地做决定给优柔寡断的人带来的伤害，要大于对果断的人的伤害。这就是说，优柔寡断的人在作了一定数量的决定后，就很难继续做其他决定了，可果断的人却不会受到做决定的数量的影响。

犹豫不决的人之所以恐惧做决策，是因为害怕犯错，害怕判断失误。其实，这纯属一种心理症结，因为任何人都不喜欢失败的感觉，对失败多少都会心存恐惧。可这并不意味着就要放弃作决策的权利，拖延做决策的时间。要对抗这个问题，唯一的办法就是打破恐惧，然后，学习如何作出更加明智的决定，降低自己犯错的概率。

约瑟夫·费拉里对如何做决策提供了一些简单有效的建议。他说："对我们所有人来讲，作出每一个决定都不容易，大到正确的投资、选择新的职业，小到买哪个品牌的冰箱，都不是一件容易事。但是，如果你用对了方法，即使棘手的事情也可能会变得简单。"下面，我们就一起看看费拉里的建议。

1. 限制选择的数量。

当面临的选择过多时，优柔寡断的人会加剧做决策的恐惧和困难。因此，要避免这个问题，就要尽量缩小自己的选择范围。比如，根据各种选择的性质和特点，把所有的选择分成若干的小组。如果你正考虑换一份工作，那不妨把工作分为两类：全职和兼职。然后，问问自己，到底是想要一份自由一点的工作，还是想要每天待在办公室里？有了第一个选择后，再在其中进行划分，直到得到自己满意的答案。

2. 权衡一下利弊。

做决策实际上就是作出一种选择，而选择就意味着有得有失。要想让决策更加理智，减少后悔和遗憾，不妨列一个利弊清单。比如，你不知道该在郊区买个便宜点的大房子，还是在市区买个贵点的小房子，那就分别把两种情况的优势和劣势都写下来，进行对比一下。在权衡利弊时，要谨慎考虑，比如，小房子的面积是否够用，郊区的房子周围的配套设施是否能满足你的要求？搬到郊区住，是否还需要购车？把所有的事情都考虑清楚了，做决策就不难了。

3. 不要太过心急。

凡事不拖延，并不等于要匆忙做决策，而是要在收集了重要信息后迅速作出决定。当然，你也没有必要收集所有的信息，这有点不太现实，只要差不多就行。之后，以信息为基础，用理性战胜感性，作出的决定应该就会比较可取。

4. 不要瞻前顾后。

一旦作出了决策，那就顺着这条路走下去，不要左顾右盼。要知道，很多拖延的人之所以没能坚定地做好一件事，就是因为总是后悔，作出了一个选择，还想着另外一种可能。这是非常不可取的，向前看才是正确的态度。

5. 记录所有的想法。

当你在采取行动时，脑海里肯定不时地会冒出一些奇怪的念头，阻止你现在的行动，让你停下来。所以，每次出现这样的想法时，一定记得把它记录下来，以便知道自己的症结在哪儿，然后逐一消灭。纵然失败了，也没什么大不了，至少你已经找到了问题所在，也已经尝试过了。

专注使你更高效

一项调查表明，患有拖延症的人多患有注意力缺失紊乱和执行功能障碍症，这两种病症使拖延者的拖延症状变得更加严重。拖延症患者多缺乏自我约束力，也就是自控力弱，很难控制自己的冲动。同时，拖延症患者对外界干扰的抵抗力也很差。外界一些新鲜事物，如新产品、新观念、新声音、新面孔等，总会引起拖延症患者的注意，唤起拖延症患者极强烈的兴趣，想让拖延症患者不注意或者视而不见、听而不闻几乎是不可能的。由于平时工作的拖延，拖延症患者手头总有一大堆需要做的事，这样就产生了矛盾：一方面拖延症患者被新鲜事物吸引了一部分注意力，想去研究一番；另一方面拖延症患者又不得不做手里的工作。这种情况下，拖延症患者对手里的工作肯定是越来越烦。对抗情绪之下，拖延症患者必然会更加拖延手里的工作。另外，一心二用同样会加重工作的拖延。所以，在上述情况下，拖延症患者的拖延症状一定会变得更加严重。

拖延是对生命的挥霍。事实上，每个人在生活和工作中都或多或少地存在着拖延的不良习惯。比如，在生活中，清晨闹钟将自己从睡梦中惊醒，你想着自己所定的计划，同时却感受着被窝里的温暖，一边不断地对自己说"该起床了"，一边又不断地给自己寻找借口——"再等一会儿"。

于是在忐忑不安之中，又躺了 5 分钟，甚至 10 分钟。工作中，今天该做的事拖到明天完成，现在该打的电话等到一两个小时后才打，这个月该完成的报表拖到下一个月，这个季度该达到的进度要等到下一个季度。

我们常常因为拖延时间而心生悔意，然而，下一次又会惯性地拖延下去。几次三番之后，我们会视这种恶习为平常之事，以致漠视了它对工作和生活产生的危害。

发挥自律的力量

一般情况下，自律和意志是紧密相连的，意志薄弱者，自律能力较差；意志顽强者，自律能力较强。加强自律也就是磨炼意志的过程。

拖延是一种后天形成的习惯，它是在不知不觉中受思想、信念、态度等多种因素的影响，在脑海中逐步形成的。正是由于这种特点，所以把它去除也并非那么容易。平时它作为一种想法在人们的脑海里悄然存在，时不时"冒出来"指挥人们：我要这样做、我不喜欢那样做、这样做多省力……在种种情况下，人们即使做错了事，也往往浑然不知。更为严重的是，如果遇到困难和挫折，它就会告诉人们如何应付了事或者如何重新开始。于是，拖延便摧毁了人的意志力，做了大脑的主人。

如何避免这种糟糕且可怕的局面出现呢？解铃还须系铃人，拖延和意志力是孰强孰能胜的关系，人的意志力如果够强，那么，拖延不但摧毁不了人的意志力，反而会被赶出身体。反之，意志力如果不够强大，则会被拖延压住，甚至被完全摧毁。要想战胜拖延，只能想办法增强意志力。

那么，如何增强意志力，让它足够强大呢？在众多方法中，学会自我激励是一种非常有效的方法。实际上，自我激励在我们的生活中扮演着非常重要的角色，它在人们的工作中可以起到催化剂的作用，不断地帮助人们树立信心，激发人们巨大的潜力。自我激励还有助于增强人的意志力，抵抗懒惰和拖延。

如果抱着随波逐流、得过且过的心态混日子，那么，信心就会越来越弱，拖延就会恣意蚕食本就不强的意志力，也势必会使人掉入无所事事的泥潭中无法自拔。

小曾是从贵州偏远山村走出来的一名初中毕业生，他怀揣着梦想来到深圳这个国际大都市。他有一个老乡在深圳混得很好，于是他来投奔这个老乡。老乡很是热心，不仅为小曾提供了免费的住房，还热情地帮助他联系工作。

在老乡的热心介绍下，小曾进入一家规模很大的企业上班。实际上，以小曾的学识和能力他是没有机会进入这样的企业上班的，企业的老板是看在小曾老乡的面子上，勉为其难地给小曾安排了一个职位。

在这种情况下，小曾本应认清形势，看到自己的差距，珍惜这难得的机会，努力工作，抓紧学习，千方百计提高自身的素质和能力，以求适应岗位需求。但是，他却错误地认为企业老板没有重用他，总是让他干些杂七杂八的事，对此心里十分不平衡。于是，他抱着给多少工资办多少事的态度混日子，对工作敷衍了事、拖拖拉拉、得过且过，更别说努力学习岗位知识了。

企业老板将小曾的情况告诉了小曾的那位老乡。老乡苦口婆心地开导小曾，建议他利用业余时间多学习，多掌握一些岗位技能，可是，小曾根本听不进去。此时，原本不强的意志力已经被滋生的慵懒和拖延磨得消耗殆尽，小曾就对拖延失去了免疫力。

小曾不但没有听老乡的建议，振作精神、努力学习、追求上进，自己还让老乡再帮忙给安排一个更好的职位。他不断地打电话给老乡，甚至在老乡开会时，也不断地打电话骚扰。他的老乡看清了小曾不求上进的内心，毅然断绝了和他的来往。

没过多久，小曾因为玩忽职守，使公司的利益受到了损害，公司老板按照公司规定的奖惩制度开除了他。此时，小曾没有了老乡的帮助，又身无一技之长，同时，还不想干体力活，最后只好灰溜溜地回老家了。

小曾是个反面例子。他在欠缺工作经验和能力的情况下，不自我激励、追求上进、增强战胜困难的决心，而是经受不住懒惰和拖延的诱惑，自甘堕落，破罐子破摔。本来就不强的意志力进一步被消磨，最终他一步步滑向"混"日子的深渊，落得个可悲的下场。

自我激励不是可有可无的，而是人必须具备的。有信心、追求上进者有了它，就会策马扬鞭跑得更快、更稳、更有力；而拖延"混"日子者有了它，就会重振精神，增强自信，摆脱落后，追求进步。如果你现在缺乏这种精神信念，那么，一定要努力培养，而且马上就开始行动。

一个不能控制自己的人，往往就会把本来可以办成的事办不成。这是成大事者的一大戒，意志力强的人的习惯是先控制自己，再控制别人。

1. 最难控制的是自己。

世界上，唯有自己最可怕，也唯有自己最难以对付。

一生的时间，有的人能够成就一番事业，有的人却一事无成。除了机遇不同外，有的人勤奋，有的人懒惰。有些人虽然勤奋，注意力却不集中，老是漫不经心，朝秦暮楚。漫不经心是人最大的弊病，它使得人蹉跎一生，无所成就。而克服漫不经心，就必须得有一定的意志力来约束自己，让自己一次只完成一件事。控制好自己，养成好习惯，循序渐进，慢慢培养自己的性格，也就获得了通向成功大门的钥匙。

2. 有自制力才能控制别人。

人们常说以身作则：只有自己做好了，才能让别人信服。同样，只有有自制力的人，才能很好地控制其他的人。

3. 只有自制才有可能成功。

自制不仅仅是青年人要养成的一种习惯，同时也是青年人想要获得成功所必备的素质之一。

自制不仅仅是在物质上克制欲望，对于一个想要取得成功的人来说，精神上的自制也是重要的。衣食住行毕竟是身外之物，不少人都能做到克制，但精神上的、意志力上的自制却非人人都能做到。

青年人应该从身边的小事做起，练就这种本领。如果你今天计划做某件事，但早上起床后，因昨晚休息得太晚而困倦，你是否还能坚持着离开那温暖舒适的床呢？

如果你要远行，但身体乏力，你是否要停止旅行计划？

如果你正在做的一件事遇到了极大的、难以克服的困难，你是继续做呢，还是停下来等等看？

诸如此类的问题，一定要处理得干脆利落，不要因为不能控制而影响一生的事业。自律对于个人的事业来讲，发挥着重要的作用，加强自律有助于磨砺心志，有助于良好品性的形成，使人走向成功。

自律是在行动中形成的，也只能在行动中体现；除此之外，再没有别的途径。梦想自己变成一个自律的人就会变成一个自律的人吗？靠读几本关于自律的书就能成为一个自律的人吗？只是不停地自我检讨就能成为一个自律的人吗？这些问题的答案都是否定的。

自律的养成是一个长期的过程，不是一朝一夕的事情。因此，要自律首先就得勇敢面对来自各方面的一次次对自我的挑战，不要轻易地放纵自己，哪怕它只是一件微不足道的事情。

自律，同时也需要主动，它不是受迫于环境或他人而采取的行为；而是在被迫之前，就采取的行为。前提条件是自觉自愿地去做。

在日常生活中，时时提醒自己要自律，同时你也可以有意识地培养自律精神。比如，针对你自身性格上的某一缺点或不良习惯，限定一个时间期限，集中纠正，效果比较好。

千万不要纵容自己，给自己找借口。对自己严格一点儿，时间长了，自律便成为一种习惯，一种生活方式，你的人格和智慧也因此变得更完美。

排除各种意外干扰

身处现代社会，工作和学习的环境很"嘈杂"，这个嘈杂不只是说马路上的鸣笛声、办公室里的机器声、恼人的电话铃声，纵然没有这些，我们的心神也会被QQ、E-mall、微博、微信等通信软件干扰，这都是打断我们工作进度的"拦路虎"。

面对这些偷走时间的"盗贼"，有什么有效的应对办法吗？

法国生物学家乔治·居维叶说："天才，首先是注意力。"

要排除干扰，就要用注意力来克制。正所谓：心不动，人不妄动。

很多名人故意把自己置身于吵闹的环境中，以此体会内心的宁静，实现"两耳不闻窗外事，一心只读圣贤书"的境界。

如果对一件事倾注了一腔热血，结果却不能获得成功，我们难免会产生惋惜、悔恨之心。相信很多人有过"三分钟热度"的经历：兴致勃勃地去练下棋，下完棋了练跳舞，跳舞学了半个月又改成练书法，可是换来换去却总是不能成功，当看到别人精湛的棋艺和优美的书法时，又会怨天尤人："老天对我太不公平了。"真的是老天偏爱那些成功的人吗？

《庄子》记载的能工巧匠特别多，这些人都具有高超的技艺和专注的精神，往往能够让别人受到启发。下面我们就请出两位。第一个出场的是著名的"神刀手"庖丁。

庖丁是一个厨师，他最擅长的技艺是宰牛。他杀牛的时候，动作就像舞蹈一样，发出的声音符合音乐的节奏，一头整牛放在他手下，一眨眼的工夫就大卸八块，而他好像一点力气都不费一样。

梁惠王问他："你的技艺为什么这么高超呢？"

庖丁说："开始我宰牛的时候，眼里所看到的就是一头牛；可是三年以后，我看到的已经不是整牛了，而是牛的身体部件。我眼睛里看到的是牛的骨头缝、肌肉的间隙，所以，进刀的时候十分顺利。有的厨师用刀砍骨头，所以，一个月换一把刀；有的厨师用刀割肌肉，所以，一年换一把刀，可是我的刀只游走于缝隙之间，所以，这把刀用了19年，杀了几千头牛了，刀刃还锋利得很。我杀牛没有别的经验，只是'目无全牛'而已。"

如果没有专注的精神，很难想象庖丁能将分解牛的工作做得如此出神入化。

另外一个高手是一个老人。

这个老人没有别的本领，只会用粘杆去粘蝉。但是他粘蝉的本事已经到了出神入化的境界，就像用手去拾一样简单。

据说，有一次刚好圣人孔子经过，见到老人粘蝉的样子很好奇，就问："您粘蝉的本领是怎么学的呢？"老人说道："我练习的时候，在竹竿头上放弹丸，从两个放到五个，让它们不掉下来，这样本领就练成了。我粘蝉的时候，身子静止不动，像石头一样，手臂拿着竿子，像枯枝一样。虽然万事万物那么多，我眼里只有蝉翼，我不因外物的变化而影响我对蝉的专注，怎么会粘不到呢？"

从这两个故事我们不难看出，他们都有一个共同的特点，那就是工作的时候全神贯注。虽然外界有各种事物，但是都不足以影响他们对目标的关注。庖丁眼里只有牛，老人眼里只有蝉。正因为这样，他们的技艺才出神入化，达到了别人所不能及的境界。

朋友，你是否因为经常摆脱不了很多干扰因素而不能按时完成工作？你是否为自己的工作效率不高而感到一筹莫展？其实，要解决这些问题，对我们来说也不是很困难。

我们可以在日常生活和工作中做这样的尝试：如果你发现自己的工作已经偏离了正常轨道或者说和自己的计划相背离时，你不妨把这个情况记录下来，然后，想想自己出现过的类似情况，想想为什么会出现这样的情况，最后，你打算采用什么方法来减少这种事情的发生。

为了把那些影响我们工作的各个干扰因素都排除在外，我们可以采用下面的这些方法：

1. 把那些与自己工作没有关系的东西，不放在眼前。

比如电子游戏、电影光盘和其他对工作没什么用的报刊杂志等。即使在家工作，那也必须把能容易导致自己分心的东西拿走。

倘若我们热衷于电脑游戏，那就一定不要在自己工作的电脑里安装或者保存它们。否则，我们在工作的时候就很有可能产生"身在曹营心在汉"的情形——表面看上去在做自己的工作任务，其实心里还想着"我的游戏进行到第几关了，真是太刺激了，在后面该采用什么战术才能获取胜利"等。出现了这样的情况，我们的工作效率不但不能提高，而且在工作中还很容易出现错误，从而可能错过解决事情的好时机，还浪费了时间。

所以，我们一定要为自己建立一个清净的工作环境，让那些无关的资料都脱离我们的办公环境。办公环境清静了，让我们分散注意力的东西也就少了，为自己高效工作创造了一个良好的条件。

2. 对我们的工作具有干扰因素的另一个方面就是电话。

我们可以将与工作有关的电话进行集中处理。可以给自己设置一个固定的和外界进行工作联系的时间，并告知自己的客户，让他们在这个时间和你联系。而且，要在自己的工作安排表中把这段时间明确地标记出来。然后在具体执行的时候，严格按照自己的计划去做。这样可以让我们免受电话的干扰。倘若在我们工作的过程中，办公室的电话一个接一个地响，那我们必然会受到电话铃声的干扰，于是自己的思路就会被打断，当然手头的工作也必然会受到很大的影响。

在我们的工作时间内，最好不要接打私人电话。就算是接打私人电话，那也应当安排在适当的时候。对于自己的私人事务，可以给自己安排出一些时间专门处理。同时也要把自己安排的这个时间告知自己的家人、朋友和其他相关的人，请他们只在这个时间段内和你联系。

3. 我们还要学会摆脱同事聊天的干扰。

有的同事很喜欢在上班时间聊天，这样很明显会影响我们的工作。这时候我们就可以委婉地告诉对方，选择合适的时间和地点进行沟通。

倘若对方总是不分时间地点，有点无关紧要的闲杂事就找我们聊天，那我们就要想办法在他进来之前把他挡在门外。比如，可以采用这样的方法：关上办公室的门，在门外挂一块牌子，上面写着"请勿打扰"；如果别人正准备找我们来聊天，那我们不妨给他一个暗示，表明自己正在工作，没时间聊天；或者可以直接告诉他你今天的工作量很大，实在抽不出时间陪他。

总之，当我们想摆脱同事的聊天干扰时，可采用的方法很多，只要我们用得巧妙，让对方知道我们没时间和他们聊天，那我们的时间利用效率就可以得到保证。

当有助手或者秘书协助我们的工作时，我们就可以告诉他们，清理掉工作区域内那些不相干的东西，不要让它们对我们的工作造成影响。我们可以回想一下自己以前的情况，是否经常不能按照计划来完成工作，不是留在办公室里完成剩下的工作，就是把一大堆没有完成的工作带到家里去做。仔细想想出现这些情况的原因，我们就会发现，罪魁祸首往往是那些干扰因素。

克服拖延，和时间赛跑，要通过自我和外界共同作用才能达成。有毅力的人，可以通过自制力来实现高效；毅力差的人，可以通过选择环境为自己创造高效的工作条件。当然，在做一些重要的项目时，也可以适当地给自己留出一些充裕的时间，以便处理这些零零碎碎的小问题。总之，事在人为。如果你真的想节省时间，提高效率，改变拖延，你肯定能为自己找到最佳的解决办法。

第10章 那些对抗拖延的好习惯

让运动成为一种习惯

看到这个标题，也许你心里会有疑问：运动对于克服拖延症有帮助吗？请先看一个例子。

大学毕业后，徐静在深圳一家营销公司做策划工作。她说，有时候找灵感很痛苦，想要策划出独具匠心的方案很难，想破脑袋也想不出来，再加上自己有拖延症，经常是前一天熬夜才写出方案，结果却常常难以让客户满意。一次，就在徐静一筹莫展的时候，她的男友正好拉她出门散心。男友很喜欢打羽毛球，就拉着徐静一起打球，徐静慢慢忘记了提交方案的愁苦心情，沉浸在运动中，心情也豁然开朗。

"一旦运动起来，人自然就会变得开心。因为运动产生的内啡肽和多巴胺让人快乐，一身轻松，这种'快乐激素'持续在身体里起作用，心情非常好，回家后完成工作的动力也更强，效率也更高。"徐静说。现在只要没有工作动力，没有头绪，只想拖延的时候，她干脆什么都不想，换身衣服出门跑步，或者叫上男友一起打球，酣畅淋漓的运动过后，自然文思泉涌。这样坚持运动，拖延症也就能慢慢克服了。

而且，徐静的经验之谈有了更为科学的研究论证。据报道，美国《个性与个体差异》期刊最新发表的一篇文章称，锻炼或许能帮助治疗拖延症。美国乔治梅森大学的研究团队招募了179名大学生，让他们记录自己21天内的锻炼情况，并且要求他们反馈每天是否与朋友、恋人、家人或其他人进行过积极友善的互动，是否达成了既定的目标，例如完成项目等，并对这些活动的重要性进行打分，1分最低，4分最高。研究结果显示，与不锻炼的日子相比，参与者锻炼后会进行较多社交活动，达成更多目标。该项研究作者凯文·扬表示，在消沉抑郁或处境艰难的时候，我们会告诉自己，只要心情好起来就能摆脱困境。可事实上，只有摆脱了困境，我们的心情才会好起来。他认为，运动可以帮人们调节心情，增加完成目标的动力。

徐静说，运动的好处很多，原来只知道它能够强身健体，使人身心愉悦，现在发现它还能够"治疗"拖延症。其实，有时候不要一直纠结自己没有完成的任务，先出去运动一下，然后带着好心情、好状态再投入到工作中，会有意想不到的收获。

对于这一点我也有非常深刻的体验。清早起床后我会习惯工作一会儿，等天色稍微亮一点了，就外出慢跑半个小时左右，换换思路，在慢跑的过程当中，有时候就会有一些灵感出现，回到家后，继续工作效率会更高。有时候下午感觉自己状态不太好，做事有点拖拉，就干脆去游个泳，游完泳感觉状态就会更好。

游泳也是我长期坚持的一个运动习惯，这个习惯让我精力充沛，做起事来更加有激情。

如果你感觉自己有拖延的行为，不妨立刻放下手上正在做的事情，去运动一下，最好可以坚持一项你喜欢的运动，打球、游泳、跑步都是不错的选择。最简单、最方便、最实用的，我感觉就是跑步，慢跑个三到五公里，不仅可以让你感到身心愉悦，你的身体也会变得更加健康，而且，当你把跑步这件事当成一种运动习惯，坚持一直做的时候，你会感觉比旁人更勤奋，你会有更加饱满的斗志去面对生活中的困难。

坚持运动，会让我们的身体和心态都变得更加积极，这样做起其他事情来，也逐渐不再拖延。

坚持反思

如果你明知道自己一直在拖延，却无法了解为什么在拖延。你可以试一下通过反思的方法来寻找原因。

这里我推荐两种亲测有效的反思方法，一是写日记，二是做冥想。

我在学习了易效能时间管理之后，养成了写晨间日记的习惯。这个习惯的养成源于课后的 90 天践行活动，当时每天的日记打卡是有积分的。写日记这件事情是怎样帮助我有效对抗拖延的呢？

首先，我会在早起之后花 5 分钟时间写晨间日记，这样做可以帮助我快速规划好当天的三件要事，这样一来我就知道了，今天只做这三件重要的事，其他的事先不用考虑，目标明确，做起事来就会更投入与专注，不会因为不晓得先做什么，而在做事的时候拖拖拉拉、浪费时间。我把这种日记模式叫做"早起 5 分钟，多活 2 小时"，即早上用好 5 分钟时间，避免一天 2 小时忙乱。我创建了一个早起打卡的微信群，免费的契约微信群，对早起有需求的小伙伴，可以通过微信群打卡来激励早起，我甚至还设计了一个纸质的日记本，名叫《每年多活一个月》，我提倡用纸质日记本来对抗手机绑架，让写日记和做规划的执行力进一步增强。

其次，日记里面有一项内容是对前一天的反思，记录做得好的地方和还可以做得更好的地方，小确幸记录，以及感恩日记等。这些记录，都可以帮助我检视一下，过去的一天里面，是否存在没完成的计划，计划是否被有效地执行，有没有因为拖延而影响进度，等等。

最后，我设计的日记本里面还有对一周的计划与安排，以及清空大脑的训练方法，这也是为了让我在下一周的日程安排方面，提高执行力，减少拖延现象。

如果你之前没有写日记的习惯，或者你不喜欢写晨间日记，都不要紧，还有一种日记的写法，就是把你关于拖延的想法、做法，直接记录下来，有人管这个叫"拖延日记"，我看到网络上有人在写。记录拖延，有一个好处是，你可以随时感知到自己的拖延状态，包括把自己为什么会拖延的点滴想法，以及你为战胜拖延所做出每个小动作，都记录下来，可能突然有一天你就恍然大悟了，找到了你拖延的真正原因，和那个真正在阻挠你行动的"幕后黑手"，你所有的记录都可能会成为行动的依据和源动力。这样看来，拖延日记还是非常有帮助的，不是吗？

除了写日记，还有一种非常有用的反思方式，那就是冥想。

从本质上讲，拖延症是情绪主导了行为。当我们面对不开心的任务时，是我们被负面情绪压倒了，我们潜意识的应对策略是赶快逃跑，去找点快乐的事情分散注意力。那就是我们的拖延症，拖延是为了减轻负面情绪。

当我们冥想时，我们会将意识集中在当下的精神状态，此时可以平静地觉察到自己的情绪、思想和身体状态。如果我们在拖延，就可以很容易感知到这种情绪，并让我们有更大的心理空间去思考正确的决定。

冥想会让我们更快乐、更健康，更富有同情心，更自律，也更擅长消除干扰，所有这些好处，都可以帮助改善拖延症。

推荐你多练习正念冥想，会让你内心更清楚正在发生什么，而且清楚应该怎么去应对。有一家专业机构曾做过一项研究，就是关于《正念冥想训练对大学生学业拖延的影响》。该研究结果表明，大学生在学业方面的拖延行为较为普遍，而正念冥想训练有助于改善学生在学业上的拖延行为，从而降低学生的焦虑情绪，减少因长期的拖延行为导致的抑郁现象。

总之，冥想能够有助于你的心灵感悟，让你可以更深层次得到觉知和觉醒，坚持冥想特别是正念冥想，能够很好地改善你的心智，让你真正做到聪明，内心跟明镜似的，那你就会每天都过得很清晰而有序，也不会存在拖延症的可能。

至于如何做正念冥想，可以去百度网页上搜索一下，这里就不赘述了。我们会在战拖训练营里有针对性地引导大家做这项训练。

前面提到的两项反思，写日记和做冥想练习，都可以有效地帮助我们意识到自己的拖延状态，了解拖延产生的原因，以及通过采取积极行动来对抗拖延。

积极的心理暗示

在心理学的定义里，自我暗示指的是通过五种感官（视觉、听觉、嗅觉、味觉、触觉）来给予自己心理暗示或刺激。它是人心理活动中的意识思想的发生部分与潜意识的行动部分之间产生沟通的媒介，从而起到启示、提醒和指令的作用。它会告诉你注意什么、追求什么、致力于什么和怎样行动，因此，它能借助潜意识支配和影响你的行为。

自我暗示可以应用在治疗拖延上，对比下面两组心理暗示：

"我现在不想做，晚一会儿再做。"

"还是尽早完成吧，不要拖了，现在就动手，剩下的时间不多了。"

"还是不要去了,身体有些疲乏,明天再说吧!"

"现在就准备动身,虽然有些累,但这件事情不能拖。"

这两组心理暗示,每一组都包含一个积极、催促行动的暗示和一个消极、拖延行动的暗示。类似这样的心理暗示,往往提醒人们在面临选择难题时,应该怎样去做才是最好的。缺乏暗示的选择,往往被证明是过于主观或偏离实际的。

诸多事实证明,积极、良好的心理暗示可以督促我们前进。当我们面临选择难题时,积极、良好的心理暗示会让我们迎难而上,努力前进。

保罗·高尔文是个身强力壮的爱尔兰农家子弟,充满进取精神。

13岁时,见别的孩子在火车站月台上卖爆米花,他被这个行当吸引了,也一头闯了进去。但是,他不懂得早已占住地盘的孩子们并不欢迎有人来竞争。为了帮他懂得这个道理,他们抢走了他的爆米花,并将其全部倒在街上。

第一次世界大战结束后,高尔文从部队复员回家,他在威斯康星办了一家电池公司。可是无论他怎么折腾,产品依然打不开销路。有一天,高尔文离开厂房去吃午餐。回来时却见大门上了锁,公司被查封,高尔文甚至不能进去取出他挂在衣架上的大衣。

到了1926年,他又跟人合伙做起收音机生意来。当时,全美国估计有3000台收音机,预计两年后将会扩大100倍,但这些收音机都是用电池做能源的。于是,他们想发明一种灯丝电源整流器来代替电池。这个想法本来不错,但产品却还是打不开销路。眼看着生意一天天走下坡路,他们似乎又要停业关门了。此时，高尔文通过邮购销售办法招揽了大批客户。他手里一有了钱，就办起了专门制造整流器和交流电真空管收音机的公司。可是不到三年，高尔文又一次破了产。

这时，他已陷入绝境，只剩下最后一个挣扎的机会了——当时他一心想把收音机装到汽车上，但许多技术上的困难还有待克服。

到1930年底，他的制造厂账面上已经欠了374万美元。在一个周末的晚上，他回到家中，妻子正等着他拿钱来买食物、交房租，可他摸遍全身只有24美元，而且全是赊来的。

然而，高尔文是一个乐观和坚持的人，经过多年的不懈奋斗，如今的高尔文早已腰缠万贯，他盖起的豪华家园就是用他的第一部汽车收音机的牌子命名的。

在很多时候，我们的心情和我们所处的环境有很大关系，当我们所处的环境很好的时候，我们可能表现的很快乐，或者很幸福，并且愿意在这样的环境中生活。当我们处在困难，或者不好的环境的时候，大多数人都是选择悲观的心态。在这里，与其说是环境让我们改变了心情，不如说是环境促使我们选择了那种悲观的心情。

无论什么时候，无论在多么困难的状态和环境下，你都应该保持一种积极乐观的心态，这才是明智的选择。有很多东西是我们无法改变的，比如，我们的出生、我们所在的环境，还有我们所处的时代，这些都是我们所无法改变的。但有些东西却是我们可以改变的，那就是我们的心情，我们的心态。

生活中我们应该从自己的角度出发，找到最好的心理暗示对象，以鼓励我们保持昂扬的工作态度，将拖延拒之门外。可见，自我暗示是增强人自控力的一个非常有效的法宝。

如何利用自我暗示在治疗拖延方面的积极作用呢？不妨从下列几个方面着手：

1. 跳出自我，换位思考看问题。

人们习惯站在自我的角度去思考问题，这样就不免掉进"当局者迷"的漩涡，从而陷入迷茫，在人生的道路上作出错误的选择。如果能够跳出自我，换位思考，站在第三者的角度看问题，就能够更加公正、理性、客观地认识和把握问题的实质。

2. 学会用理性的思维思考问题。

生活中很多人习惯用感性思维思考问题，实际上，这种思维有很大的随意性，对问题的处理有诸多弊端。这容易让当事人在情绪上产生更多的纠结，往往会使拖延者放下手头的工作，陷入一种迷茫、混沌的思维状况。

与感性思维相对立的就是理性思维。理性思维指的是一种思考方向明确，思维依据充分，能对事物或问题进行观察、比较、分析、综合、抽象与概括的一种思维。简单来说，理性思维就是一种在证据和逻辑推理基础上建立起来的思维方式。用理性思维思考问题，要求我们在做事情之前想好工作的做法以及后果，这样就会在一定程度上提高工作效率和增大成功的概率。

3. 把注意力专注于一件事上。

人的注意力是有限的，而面对的事物却是无限的。以有限的注意力去关注无限的事物，势必因为关注不过来而使自我暗示变得反反复复。大脑发出的各种指令将使行为无法跟上，最终导致工作拖延，甚至停止。

如果将注意力专注于一件事上，那么，就会避免这种情况的发生。因为注意力专注于一件事上，自我暗示就会专一而直接，行动指令清晰而快速，相应行动也就变得迅捷。当然，专注这件事应该是最紧迫也是最应该马上去完成的事情。

4. 把失败看成一种考验。

失败自然是不受人欢迎的。但是有些事情不是你不欢迎，它就不会到来，失败就是如此。在我们一腔热血，历经一番辛苦，却没有赢来成功时，灰心丧气是十分自然的事。这种现象产生的原因是人们在做事之前对自己所做的心理暗示缺少一个可能失败的前提，就是如果事情失败了会如何。过高的心理预期在遭遇失败的结局后自然会给人们带来沮丧。

如果把失败当作一种考验，情形就会大有改观。把失败当作考验，不但会摒弃那些失败后沮丧的情绪，还会带来一种积极的工作态度，让我们在努力的过程中有所收获，让我们在失败中重拾信心，再次起航。

同时，还可以借助失败的反面心理戒掉拖延。可以这样暗示自己：如果因为拖延而导致工作不能按时完成，不仅有被罚款的可能，而且有可能为此丢掉工作，而如果没有了工作，那么，孩子上学的费用怎么办？每月的房贷怎么办？还有日常的开销怎么办？想想有多么可怕的事在等着你。既然无力承担这些可怕的事，那还犹豫什么？赶紧行动起来吧！

如果真能做到让积极、良好的自我暗示时常鼓励自己、督促自己、鞭策自己、武装自己，那么，拖延必将远离我们。

第一次就把事情做对

年轻人提高自己的工作效率是职场最迫切的需求。有一句名言："成功不稀奇，关键在速度！"是的，在信息飞速发展的今天，成功不再是以时间的长短和工作经验的多少来衡量，而是以你的工作效率来作为标准。工作效率体现了你的工作能力和创造的价值。

事实上，"第一次就把事情做对"是提高工作效率的最佳途径。

有位广告经理曾经犯过这样一个错误，由于要求完成任务的时间比较紧，在审核广告公司回传的样稿时不仔细，在发布的广告中弄错了一个电话号码，服务部的电话号码被他们打错了一个。就是这么一个小小的错误，给公司造成了一系列的麻烦和损失。

我们平时最经常说到或听到的一句话是："我很忙。"是的，在上面的案例中，那位广告经理忙了大半天才把错误的问题厘清楚，耽误的其他工作不得不靠加班来弥补。与此同时，还让领导和其他部门的同事和他一起忙了好几天。如果不是因为一连串偶然的因素使他纠正了这个错误，造成的损失必将进一步扩大。

平时，在"忙"得心力交瘁的时候，我们是否考虑过这种"忙"的必要性和有效性呢？假如在审核样稿的时候，那位广告经理稍微认真一点，还会这么忙乱吗？"第一次就把事情做好"，在我参加工作之后不久，有一位领导就告诉过我这句话，但一次又一次的错误告诉我，要达到这句话的要求并非易事。

第一次没做好，就浪费了没做好该事情所花费的时间，而返工时的浪费最冤枉。第二次把事情做对既不快、也不便宜。

"第一次就把事情做对"是著名管理学家克劳士比"零缺陷"理论的精髓之一。第一次就做对是最便宜的经营之道！第一次做对的概念是中国企业的灵丹妙药，也是做好中国企业的一种很好的模式。有位记者曾到华晨金杯汽车有限公司进行采访，首先映入眼帘的就是悬在车间门口的条幅——上面写着"第一次就把事情做对"。

企业里每个人的目标都应是"第一次就把事情完全做好"，至于如何才能做到在第一次就把事情做对，克劳士比先生也给了我们正确的答案。这就是首先要知道什么是"对"，如何做才能达到"对"这个标准。

克劳士比很赞赏这样一个故事：

一次工程施工中，师傅们正在紧张地工作着。这时他手头需要一把扳手。他叫身边的小徒弟："去，拿一把扳手。"小徒弟飞奔而去。他等啊等，过了许久，小徒弟才气喘吁吁地跑回来，拿回一把巨大的扳手说：

"扳手拿来了，真是不好找！"

可师傅发现这并不是他需要的扳手。他生气地说："谁让你拿这么大的扳手呀？"小徒弟没有说话，但是显得很委屈。这时师傅才发现，自己叫徒弟拿扳手的时候，并没有告诉徒弟自己需要多大型号的扳手，也没有告诉徒弟到哪里去找这样的扳手。自己以为徒弟应该知道这些，可实际上徒弟并不知道。师傅明白了：发生问题的根源在自己，因为他并没有明确告诉徒弟做这项事情的具体要求和途径。

第二次，师傅明确地告诉徒弟，到某间库房的某个位置，拿一个多大尺码的扳手。这回，没过多久，小徒弟就拿着他想要的扳手回来了。

克劳士比讲这个故事的目的是告诉人们，要想把事情做对，首先就要让别人知道什么是对的，如何去做才是对的。在我们给出做某事的标准之前，我们没有理由让别人按照自己头脑中所谓的"对"的标准去做。

其次，在开始工作之前，先拟定一个计划，古人云："凡事预则立，不预则废。"说明制定计划是提高工作效率的一个重要方法。一位成功的职业经理人说："你应该在一天中最有效的时间之前订一个计划，仅仅20分钟就能节省1个小时的工作时间，牢记一些必须做的事情。"

作为一名员工，当你能够高效率地利用时间的时候，你对时间就会获得全新的认识，算出一分钟时间究竟能做多少事，这时，你就不用再担心被老板炒鱿鱼了。

再次，先做生命中最重要的事情。分清事情的轻重缓急，把主要时间和精力花在重要的事情上。巴莱特定律告诉我们：应该用80%的时间做能带来最高回报的事情,而用 20% 的时间做其他事情。

最后,善于利用闲暇时间。时间是由分秒积累而成的,只有你善于挤压时间,才能获取更大的成功。

作为优秀员工必备的特质之一,就是能够抓住点点滴滴的时间进行工作,工作中有计划、有重点、高效率。

记住,高效率是职业人士走向成功的又一捷径。

有条理有秩序地做事

培根有这么一句话:敏捷而有效率地工作,就要善于安排工作的次序,分配时间和选择要点。只是要注意这种分配不可过于细密琐碎,善于选择要点就意味着节约时间,而不得要领地瞎忙等于浪费时间。

一位企业家曾谈起了他遇到的两种人。

有个性急的人,不管你在什么时候遇见他,他都表现出一副风风火火的样子。如果要同他谈话,他只能拿出数秒钟的时间,时间长一点,他会不停地看表,暗示着他的时间很紧张。他公司的业务做得虽然很大,但是开销更大。究其原因,主要是他在工作安排上七颠八倒,毫无秩序。他做起事来,也常为杂乱的东西所阻碍。结果,他的事务是一团糟,他的办公桌简直就是一个垃圾堆。他经常很忙碌,从来没有时间来整理自己的东西，即便有时间，他也不知道怎样去整理、安放。

　　另外一个人，与上述那个人恰恰相反。他从来不显出忙碌的样子，做事非常镇静，总是很平静祥和。别人不论有什么难事和他商谈，他总是彬彬有礼。在他的公司里，所有员工都寂静无声地埋头苦干，各样东西安放得也有条不紊，各种事务也安排得恰到好处。他每晚都要整理自己的办公桌，对于重要的信件立即就回复，并且把信件整理得井井有条。所以，尽管他经营的公司规模要大过前述商人，但别人从外表上看不出他有一丝一毫的慌乱。他做起事来清清楚楚，他那富有条理、讲求秩序的作风，影响到他的全公司。他公司的每一个员工，做起事来也都极有秩序。

　　你工作有秩序，处理事务有条有理，在办公室里决不会浪费时间，不会扰乱自己的神志，办事效率就会极高。许多人通常不知道把工作按重要性排队。他们以为每项任务都一样重要，只要时间被工作填得满满的，他们就会很高兴。然而，懂得安排工作的人却不是这样的，他们通常会按重要性顺序去展开工作，将要事摆在第一位。

　　伯利恒钢铁公司总裁查理斯·舒瓦普承认曾会见过效率专家艾维·利。会见时，利说自己的公司能帮助舒瓦普把他的钢铁公司管理得更好。舒瓦普承认他自己懂得如何管理但事实上公司不尽如人意。可是，他说需要的不是更多知识，而是更多行动。他说："应该做什么，我们自己是清楚的。如果你能告诉我们如何更好地执行计划，我听你的，在合理范围之内价钱由你定。"

利说可以在10分钟内给舒瓦普一样东西，这东西能把他公司的业绩至少提高50%。然后，他递给舒瓦普一张空白纸，说："在这张纸上写下你明天要做的6件最重要的事。"

过了一会儿，利又说："现在用数字标明每件事对于你和你的公司的重要性次序。"花了大约5分钟。利接着说："现在把这张纸放进口袋。明天早上第一件事是把纸条拿出来，做第一项。不要看其他的，只看第一项。着手办第一件事，直至完成为止，然后用同样的方法对待第二项、第三项……直到你下班为止。如果你只做完第五件事，那不要紧，你总是在做着最重要的事情。之后，叫你公司的人也这样干。这个试验你爱做多久就做多久，然后给我寄支票来，你认为值多少就给我多少。"

整个会见历时不到半个钟头。几个星期之后，舒瓦普给艾维·利寄去一张2.5万元的支票，还有一封信。信上说那是他一生中最有价值的一课。5年之后，这个当年不为人知的小钢铁厂一跃而成为世界上最大的独立钢铁厂，利提出的方法功不可没。这个方法还为查理斯·舒瓦普赚得1亿美元。

要事第一，就是先做最重要的事情。这也是做事的一个基本原则。一个优秀的人明白轻重缓急的道理，他们在处理一年或一个月、一天的事情之前，总是按主次来安排自己的工作。因此，开始做事之前，他们总要好好地安排工作的顺序，谨慎地做好这件事。

刘丽是某私企经理秘书，几年前刚进公司时，刘丽还摆脱不了"学生气"，做事分不清主次，每次经理安排工作时，她都认真记录，可到具体执行时便因种种原因"走样"：不是丢三落四，就是缺东少西。

有一次经理出差，临走前让刘丽起草一份重要的发言报告，以备他一周后开会用。刘丽认为时间很充裕，可以慢慢准备。其后几天，刘丽只管忙着处理其他日常事务。转眼到了第六天，刘丽突然想到，经理第二天就要回来了，可报告还没动笔，不巧的是，刘丽这天的事情又特别多，上午要替经理参加朋友的开业庆典，下午又要接待已提前预约的客户。

等一切处理妥当，已临近下班时间，刘丽只好回家连夜赶写报告。当刘丽坐到电脑前开始写报告时，却突然发现，有些背景资料忘记带回家了，这可怎么办？第二天，刘丽只好一早就冲到办公室狂赶报告，总算在经理上班前勉强把报告写完了。

开完会后，经理把刘丽叫到办公室，开门见山地问她这一个星期的工作状况，然后严肃地说："你有一个星期的时间，为什么交出这样没水平的报告，甚至还有一大堆错别字？"刘丽这才意识到事情的严重性，便老老实实地讲述了报告的完成过程，等着被"炒鱿鱼"。不料，经理长叹一声，说："你们这些刚毕业的年轻人，有热情但不够成熟，做事情完全分不清主次先后。"随后，经理一笔一画地在白纸上写下十个字："要事第一，要务优于急务"。他语重心长地告诉刘丽："秘书的工作很琐碎，但是，一定要分清主次，才能把工作做好。"

经理的一席话，让刘丽茅塞顿开。从那以后，她抱着"要事第一"的原则，做事前先安排好顺序，忙而不乱，最后得到了经理的表扬。

要事第一的观念如此重要，但却常常被我们遗忘。我们必须让这种重要的观念成为一种工作习惯，每当一项新工作开始时，都必须让自己明白什么是最重要的事，什么是我们应该花最大精力去做的事。

然而，分清什么是最重要并不是一件容易的事，工作中，我们常犯的一个错误就是将紧急的事情视为重要的事情。

其实，紧急只是意味着必须立即处理，比如，电话铃响了，尽管你正忙得焦头烂额，也不得不放下手边的工作去接听，它们通常会给我们造成压力，逼迫我们马上采取行动，但它们却不一定很重要。

那么，什么才是重要的事情呢？通常来说，重要的事情应是那些与实现公司和个人目标有密切关联的事情。

根据紧迫性和重要性，可以将每天面对的事情分为四类：重要且紧迫的事；重要但不紧迫的事；紧迫但不重要的事；不紧迫也不重要的事。

在工作中，只有积极合理高效地解决了重要且紧迫的事情，我们才有可能顺利地完成其他工作；而重要但不紧迫的事情则要求我们应具有更多的主动性、积极性、自觉性，早做准备，防患于未然。剩下的两类事或许有一点价值，但对完成工作没有太大的影响。

争取一次性解决问题

99℃的水还不是开水,它的价值还是很有限的;如果我们再添一把火,让它从99℃的基础上再升高1℃,就会沸腾,从而就可以产生大量的水蒸气,用这些水蒸气来开动机器,就会获得非常大的动力。同样的道理,假如有100件事情,而我们只完成了99件,剩下的那一件由于种种原因没有按时完成,而恰恰就是这一件事,却很有可能对某一个人或某一单位造成足够大的影响。

我们工作中出现的问题,在很多时候其实只是在一些细节或者小事上做得不够到位,可往往正是这些很容易被我们忽视的小问题,常常会产生较大影响。其实,我们身边有很多事情,只是因为在执行的时候产生了一点点偏差,最终的结果却出现了让人难以想象的差距。很多人在工作过程中,总会出现工作没做到位的情况,甚至也有一些人坚持做到了99%,可是就在剩下1%的任务中,他们没有坚持下来。就是这点细微的区别,这些人就很难在自己的事业上取得突破和成功。

一位著名企业家曾经指出,倘若从员工手中溜走1%的不合格,那么,到用户手中就是100%的不合格。这就说明,对于每个员工来说,都应该发挥出自己的主观能动性,对待工作由被动到主动,养成自觉遵守规章制度的习惯，把一切可能出现的细小失误都消灭在萌芽状态。

一位房地产公司的老总在和朋友的谈话中提到了曾经发生在他们公司的一件事：在20世纪80年代末期的时候，与他们公司进行业务合作的一家公司，有一个非常负责任的工程师。

有一次，要拍摄一个项目的全景，而原本在楼上就能拍到，可是这位工程师偏偏要徒步2公里，爬到山顶上拍摄，最后拍摄的照片很成功，连周围的景观都拍得很到位。当时就有人问工程师为什么要这么做，他只回答了一句："如果回去董事会成员会向我提问，只有当我把整个项目的情况都告诉了他们，这才算是完成了任务。否则，我的工作就没做到位。"

那位房地产公司的老总还说，这位工程师业务心极强，他经常说的一句话就是："既然是我要做的事情，我肯定不会让他人担心。任何事情，只有做到100%才能合格，而99分都是不合格的。那些60分万岁的说法就更不用说了。"

所以，要想把事情做好，我们心目中就必须有一个很高的标准，而不能是一般的标准。

其实，生活和工作就是这样，一次就把事情做好，就不会出现各种零零碎碎的小麻烦，影响你的情绪。要知道，有时候我们拖延，除了心理上的惰性，就是因为琐碎的麻烦太多，才想要逃避。

我们做事之前，应该进行周密的调查论证，多多思考，尽量把各种情况都考虑到，即便不可能做到最好，也要尽自己最大的努力避免出现漏洞,哪怕漏洞只有1%。世间的大事都是由小事累积而成的,倘若没有小事的积累,也就不可能成就大事。当我们明白这一点,就可以培养自己一丝不苟的行事风格了。

做事一丝不苟,就是说不论对待大事还是小事都应该一样的谨慎。其实,许多小事中都蕴含着一些重要的人生道理。那些对小事置之不理的想法,往往是成事的绊脚石,它不仅让我们的工作没有做到位,而且会让我们的生活减少快乐。

无论从事什么工作,一定要全力以赴、一丝不苟。能做到这一点,才不会为自己的前途操心。

一个人能否取得成功,其中的关键因素就在于他能不能对自己严格要求,能不能追求100%的合格。对于成功者来说,无论遇到什么事情,无论做什么工作,他们都不允许自己疏忽大意。所以,我们应该在工作中以最高的规格来要求自己。能达到100%的目标,就绝不只做99%。

对自己的要求严格了,切实去执行了,这就能在我们的心目中形成一种意识,始终促进我们前进。往往这样的行事风格会让我们的办事效率更高,效果更好,花的时间少,却能将事办得让人满意。这种高质量、高效益的方法,难道不值得一学吗?

不找任何借口

当有件事迟早需要去做，而此刻的你又不想做这件事时，你可以找到上百种理由推迟。事实上，不管这些理由听起来多么真实可信，都不过是借口。借口往往会让拖延变得顺理成章；而拖延又为借口的诞生创造了条件。陷入这样的恶性循环中，就只能在拖延的旋涡里沉没。要打败拖延的恶习，就得先学会"没有任何借口"。

借口无处不在，像我们周围弥漫的空气一样。借口变成了拖延的一面挡箭牌，事情一旦没完成，我们就会找一些冠冕堂皇的理由作为借口，以此来获得他人的理解和原谅。找到借口的好处是能把自己的懒惰掩盖掉，心理上得到暂时的平衡。但长期如此，因为可以找各种借口，人就不会再去努力，不会在争取成功上想办法，而是把时间和精力都放在寻找合适的借口上面。

在做事的过程中，经常找借口的后果就是养成拖延的坏习惯。初始阶段，也许你会有点儿自责，但随着拖延次数的增加，你会变得盲目，甚至到最后，你也认为自己做不到正是借口中所说的原因。

在很多人羡慕的美国西点军校，"保证完成任务"是学员们的标志性话语。"保证完成任务"绝不是简单空泛的一句口号，它是一名军人的承诺，它是对责任的崇敬，它是全世界的军人和战士对于理想的执着。在西点军校内，每项命令都必须严格执行，没有丝毫的借口。在西点军校的字典里没有"借口"可以逃避，在完成任务过程中，如果遇到困难，就要想办法去克服。

处在平凡岗位的人，或许你经常感叹为什么成功的机遇总是不光顾你？为什么领导不愿意让你负责重大事件的处理工作？为什么同事们不愿意信任你？不妨从现在开始反省，你是否有拖延、找借口的习惯？如果有，从现在开始，彻底地将借口从你人生中"驱逐"。

张伟是某机械厂的老员工了，一直以来，为人处世都还不错，深受同事和领导的信任。但最近这次，他的情绪却失控了，最终因为与领导产生矛盾而离开工厂。

其实，对这一点，同事和领导都没觉得意外，因为张伟对待工作实在太马虎了，无论做什么事，都是一拖再拖，经常还会耽误其他人的工作。不过，原来的张伟并不是这样的，他的改变是从一次意外事故发生后开始的。那天，张伟上夜班，可能是因为太困了，一不小心，他从架子上摔了下来，幸亏架子不高，腿有点儿轻微的骨折，到现在，张伟走路也看不出异样。

从那以后，领导安排张伟什么事情，他都借口自己的腿不方便，毕竟是因为工作出的意外，领导也不好说什么。

然而，时间久了，领导对他也有意见了。一天，他还和往常一样，比正常上班时间晚了半个小时来到单位。到了以后，他接到一个电话，主任安排他随兄弟部门的车下乡一趟。于是，原本准备上楼的他就在单位门口等车。可是，一个多小时过去了，却没见到车的影子。没想到，下乡的车早已经开走了。他立即打电话给主任说明情况。对此，主任说："那你为什么迟到呢？"

张伟赶紧来到主任办公室，想当面向他解释清楚。主任却说："今天，你必须得去。要不然就自己坐公共汽车去。"说完，又去忙自己的事了。张伟的怒火腾地一下蹿得更高了。在他看来，这明摆着就是在惩罚自己，而自己错在哪儿了？"我不去。"他冷冷地说。"嘭"，主任猛地一拳捶在桌上，咬牙切齿地说："今天你去也得去，不去也得去。"张伟气急了，也砸了一下桌子。

一瞬间，主任吃惊地望着张伟，这时，主任办公室外已经挤满了来看热闹的人。

从那件事以后，主任好像有意冷落张伟，他把办公室能处理的事情都交给别人做，这让张伟寝食难安。最后，张伟决定辞职，因为这家公司他确实待不下去了。

其实，在每一个借口的背后，都隐藏着丰富的潜台词，只是我们不好意思说出来，甚至我们根本就不愿说出来。借口让我们暂时逃避了困难和责任，获得了些许心理的慰藉。但是，借口的代价却无比高昂，它带给我们的危害一点也不比其他任何恶习少。

归纳起来，我们经常听到的借口主要有以下五种表现形式。

1. 这不关我的事。

许多借口总是把"不""不是""没有"与"我"紧密联系在一起,其潜台词就是"这事与我无关",不愿承担责任,把本应自己承担的责任推卸给别人。一个团队中,是不应该有"我"与"别人"的区别。一个没有责任感的员工,不可能获得同事的信任和支持,也不可能获得上司的信赖和尊重。如果人人都寻找借口,无形中会提高沟通成本,削弱团队协调作战的能力。

2. 我很忙。

找借口的一个直接后果就是容易让人养成拖延的坏习惯。如果细心观察,我们很容易就会发现每个公司里都存在着这样的员工:他们每天看起来忙忙碌碌,似乎尽职尽责了,但是,他们把本应一个小时完成的工作变得需要半天的时间甚至更长。因为工作对于他们而言,只是一个接一个的任务,他们寻找各种各样的借口,拖延逃避。"我很忙"成了他们的口头禅。

3. 我以前不是这样的。

寻找借口的人都是因循守旧的人,他们缺乏一种创新精神和自动自发的态度,因此,期许他们在工作中做出创造性的成绩是徒劳的。借口会让他们躺在以前的经验、规则和思维惯性上舒服地睡大觉。

4. 这件事我不会。

这其实是为自己的能力或经验不足造成的失误寻找借口,这样做显然是非常不明智的。借口只能让人逃避一时,却不可能让人如意一世。没有谁天生就能力非凡,正确的态度是正视现实,以一种积极的心态去努力学习、不断进取。

5.他比我行。

当人们为不思进取寻找借口时，往往会这样表白。借口给人带来的严重危害是让人消极颓废，当遇到困难和挫折时，不是积极地去想办法克服，而是去找各种各样的借口。

让我们改变对借口的态度，把寻找借口的时间和精力用到行动上来。因为工作中没有借口，人生中没有借口，失败没有借口，成功更不属于那些寻找借口的人。

做事不苛求尽善尽美

每个人都有自己要求完美的地方，这就是心理学家马斯洛所说的自我实现的需要。所谓自我实现，就是尽可能成为自己可能成为的人，实际上就是追求完美。

生活能够让人如愿以偿吗？如果工作中每一个环节都无懈可击，完美至极，那职场人还谈何进步与完善呢？那所有的培训项目都可以取消了。但这可能吗？

人的时间和精力都是有限的，做任何一件事都要花费时间。在追求完美的同时，必然要付出很多的代价，但耗费这些精力未必能换来想要的结果。

如果你只是想写一首诗，手边有一支破旧但能用的碳素笔，一张可用却不太平整的纸，你又何必跑到商店去精心挑选漂亮的钢笔和记事本呢？等你把纸笔买了回来，说不定已经没有写诗的欲望了。

如果你的老板只想让你就某件事发表看法，你大可直接说出来，或简单列举几条发给他，根本不用花半天时间写一篇长长的报告。等你交上去了，老板或许还会责怪你耽误了正常的工作进度。

如果你的客户只是希望你能够高效地完成任务，帮他们争取时间，那你又何必非要在计划的某个部分上浪费过多的时间和脑细胞呢？

很多时候我们为追求完美而作出的努力，都是徒劳无功的。在值得的事情上，追求卓越和相对的完美就好，为了不切实际的完美付出高昂的代价，是最不明智的做法。

美国作家哈罗德·斯·库辛曾说："生命是一场球赛，最好的球队也有丢分的记录，最差的球队也有辉煌的一天。我们的目标是尽可能让自己得到的多于失去的。"

完美主义者，看似是在追求最好的结果，实际上却只是让事情变得更糟。他们不仅无法体会到完美带来的喜悦，反而会深陷纠结的沼泽无法自拔，甚至还会拖累他人。毕竟，人所能承受的压力是有限的，当压力达到一定程度时，就会出现超限效应，而当超限效应遭遇了完美主义，拖延就是唯一的结果了。

完美是一种理想的状态，可以无限接近，但却永远都达不到。时间有多宝贵，不用赘言，它不会因你追求完美而为你多停留一会儿，当然也不会克扣你一些。流逝的时间永远都不会再回来，而努力追求的完美却注定是一场空。因此，为追求完美而浪费精力和时间的行为自然是愚蠢的。

丁丹从师范院校毕业后,被招聘进入本市一家公立小学当教师。她非常高兴,因为她的愿望就是当一名教师。入职一段时间后,丁丹原先兴奋的心情退去了,一些烦恼却占据心头。怎么回事呢?原来,丁丹一登上讲台,面对台下那些天真无邪的面孔,她就十分紧张,原来已经背得很熟的讲课内容被忘得一干二净。

本以为这种情况是由于刚做老师太紧张造成的,但过了一段时间,丁丹发现这种状况虽然有些改善,但还是没有从根本上改变。丁丹觉得自己真是太没用了,都过了这么长时间,还是没有从这种糟糕的状态中摆脱出来,她为此变得忧郁。

令她稍感欣慰的是,她任课班级的学生对她充满信心,每当她忘了讲课内容时,他们都会伸出一双双小手为她鼓掌,给她鼓励。看着这群可爱的孩子,丁丹决定攻克难关,履行好教师的职责。

为了达到这一目的,丁丹几乎将自己所有的时间都用在了备课上。她力争把课件做完美,以便给孩子们带来一节节别开生面的课。讲课忘词的情况终于得到了好转,而且一天好过一天。丁丹没有满足,继续努力,希望早一天达到完美。但是由于她将时间和精力都放在了备课上,却忽视了批改学生作业。学生交上来的作业经常被拖了好长时间还没有批改。

看着还没批改的作业,丁丹心里难受极了,她自认为是办公室里最勤奋的人,用在工作上的时间要远超过其他老师,现在的情况是:别的老师既把课堂上的教学任务完成得很好,同时也及时把学生的作业批改好了;而自己在课堂上的教学没有达到完美,同时还耽误了学生作业的批改。一想到这些，丁丹心里越发难受。

经过深入思考，丁丹找到了自己身上存在的问题，她在保持已经取得的课堂教学成果的基础上继续改善不足的地方，但不再像以前那样一心只追求完美，她将剩下的时间用在了其他教学环节上。过了一段时间，丁丹终于实现了教学各环节平衡，既让自己的课堂教学任务很好地完成，同时也兼顾了其他环节。

丁丹经过一番挫折洗礼，痛定思痛，积极努力，终于达到了一个相对完美的地步。这个事例是不求尽善尽美，但求尽心尽力的较好写照。尽善尽美是不可能完全达到，但要向着这个方向努力，积极做事，不拖延，不敷衍，发现问题，解决问题，尽心尽力，最后总会达到一个相对完美的地步，而这也就是尽善尽美了。

为了避免误入追求尽善尽美的泥潭，我们要培养宽广的胸怀，学会接受自己的不足、不完美，保持一种只要尽力就好的平静心态，不要逼着自己走入极端。另外，还要善于利用别人的长处。合作共赢是和谐发展的主旋律，懂得合作的人才能取得成功，所以，要在正视自己不足的情况下，欣赏别人的长处，并充分利用别人的长处，合作共赢，从而取得成功。

总之，一定要从实际出发，量力而行，努力向尽善尽美靠近，做到尽心尽力，这样就能造就相对完美的结果。

泡在裹挟成长的氛围里

如果你只是知道怎样做可以战胜拖延，而不采取行动，那么，你大概率仍然会继续拖延下去；如果你已经行动了，遇到一点阻力或困难，你很容易选择逃避或者放弃，这是人的天性，趋利避害。那么，怎样的行动才可以有效克服拖延呢？

你可能注意到了，我为什么要把这一小节放在本书的最后，因为它是重中之重。光听不动，学了也没用！用上述一些建议，如运动、反思……但是，仅仅这样也是不够的，得找一群人一起行动。

因为，每个人都存在着性格、意识、志向、毅力等方面的缺陷，而且，人都有惰性，有时不想主动进步，这时候，如果有老师在前面教你，同时有朋友在旁边监督你，就像用一个夹板一样把你给夹起来，你跑也跑不掉，你只能跟着大家一起进步。曾国藩说"师友夹持，虽懦夫亦有立志"；荀子说"蓬生麻中，不扶而直"，说的都是这个道理，被裹挟着成长，你会更容易成功。

曾国藩，曾经做事情也是三天打鱼、两天晒网，后来曾国藩有了一个师友夹持的圈子，这才帮助他和这个圈子里很多人获得了极大的成功。因为在这个圈子里面的人，他们相互影响、相互激发，如果今天有人想偷懒，但看到旁边有人还在努力，就会再坚持一把，明天有人想懈怠，又会被其他人影响。

你见过哪些人有着这样被裹挟成长的氛围？我列举两个例子。

如果你学过时间管理，你一定知道易效能课后的 90 天践行活动，甚至 1000 天践行活动，就是这样一种氛围。我亲身体验过易效能的 90 天践行活动全过程，在开始之前，我们都会在班级群和小组群里，宣告自己的 90 天目标，在小组里面找一个同伴。然后，在 90 天的践行活动里面，每天都为实现自己的目标，去做一件心甘情愿的小事，然后在群里打卡，接受班级其他小伙伴的监督。

我记得我在第一个 90 天里面有个目标是每天 5：20 起床，然后打卡，如果我没做到，就会给所有监督我的人发红包。就在那个 90 天践行活动里面，我真的做到了不用闹钟也可以在 5：20 醒来！

而且，每个周末我们都会有班会和小组会，集体检视在过去的一周里面，是否有朝着自己设定的目标在前进，每一次开会都感觉被赋能，就是在这样的学习和践行氛围里面，让我们不知不觉地养成了一些好习惯，也提高了学习和工作效率，当然，我们也学到了一些时间管理的工具和方法，在让自己变得更加专注的同时，有效地改善了拖延。

另外一个我比较喜欢的氛围，是 007 不出局写作社群，也是有班级社群，通过每 7 天写一篇文章，来让我们养成持续输出的习惯，用写作来对抗拖延。前面我表达过一种观点，就是通过写日记来摆脱拖延，道理是一样的。007 的伙伴们会在每周的交作业和点评作业过程当中，相互赋能、相互加油，在这样的氛围里，想偷懒或者拖延都难。

所以，你看，要想不那么费力而有效地战胜拖延，不能仅依靠意志力，还要靠机制的力量。正所谓：一个人走得快，一群人走得远。

如果你真想战胜拖延，你一定要找到这样裹挟成长的氛围，并长期泡在里面，这样才可以让你彻底摆脱拖延。如果你还没有找到这样的氛围，你可以来找我，我会帮助你。

《今天》

这世界变化万千。

滚滚向前的是无法察觉的时间。

依依不舍的是一去不返的昨天。

而我们最该倾情拥抱的是眼前。

尽管我们期待明天。

但还是要做好每天的要事优先。

专注当下，千锤百炼。

相信我们会得到想要的改变。

后记

这是一本通俗易懂的工具书，如果你专门花时间来读，可能用不了一个下午，你就可以读完，如果你每天读一个部分，最多三天也能读完这本书。那么，问题来了：

从你拿到这本书，到看到这里，你花了多少时间？在阅读本书这件事上，有没有拖延？

如果有拖延，也没关系，至少说明，这本书找对了读者。拖延症实际上是一种"慢性隐形病"，短期看似乎影响不大，但从长远看危害无穷。更重要的是，很多人被"拖延症"所困、所害而不自觉，他们总会为自己的拖延行为找到貌似合理的解释，等到发现时，往往已难以根治。更糟糕的是，拖延会直接影响身边的亲人，如果你发现孩子比较拖拉，家长一定也是拖拉的，想让孩子不拖延，家长首先得战胜拖延，给孩子树立不拖拉、做事干脆利索的榜样。

拖延是时间的杀手，它会缩短我们生命的长度，让我们在无休止的等待与无尽的悔恨中虚耗年华；拖延是生命的窃贼，它会在不知不觉中盗走我们的热情、机会，消磨我们的斗志，让我们的生活在原地打转。无论你是否承认，我们每个人身上都有拖延症的影子，只是被"感染"的程度不同而已。但拖延症并非无可救药，只要你愿意正确认识拖延症，并且积极行动起来，拖延，是完全可以战胜的！

希望本书的出版能对广大"拖友"有所借鉴和帮助，使每一位"拖友"都能成功戒拖，开启高效能的生活。